楽しくわかる数学の基礎

数と式、方程式、関数の
「つまずき」がスッキリ！

星田 直彦

SB Creative

はじめに

　数学を教えている私のところには、なんだかんだと「声」が集まってきます。それは、数学を扱った一般の方向けの本への「要望」といえばいいのか、「苦情」といえばいいのか……。

　計算問題がたくさん載っている本があります。確かに脳のトレーニングにはよいのでしょう。しかし、「できる」とわかっていることを、できてもうれしくないという人が多いのです。なるほど、それはわかります。

　数学はやってみたい。でも、「できる」とわかっていることはやりたくない。かといって、自分にとって難しすぎるのもやりたくない。ちょっとわがままですね。

　そこで、「どんなことをやってみたいの？」と尋ねてみますと、
「昔、つまずいたところを、理解できたらいいな」
「数学の先生が、『ここは感動するところ』と言ってたところがあったけど、その内容も気持ちもわからなかった。私も数学で感動してみたい……」
という答えが返ってきました。

　それじゃあということで、数学の基礎の段階で、つまずきやすいところ、感動できるところを集めて書いてみ

ようと思い立った次第です。

　ところで、みなさんは、「方程式」とは何か、「関数」とは何か、説明できますか？

　入試を間近に控えた受験生に同じ質問を投げかけたところ、答えられる生徒は非常に少ない状況でした。たぶん、定義がいえなくても、定期テストではなんとなく点数が取れたのでしょう。しかし「方程式」や「関数」の意味が本当にわかっていたら、数学にそれほど苦労することなく、もっと感動できたのかもしれません。

　遅くはありません。大人になったいまなら、学生時代のテスト地獄から解放されて、ゆっくりと取り組むことができます。あのときつまずいた「石」を、いま、蹴飛ばしてやりましょう。そして、あのころ数学で味わえなかった「感動」を、いま、味わいましょう。

　紙と鉛筆がなくても大丈夫です。華やかさには少々欠けますが、確実に数学の基礎が理解できるような本を目指しました。きっと、「そういうことだったのか！」と叫んでもらえると思います。

　なお、本書は、2008年に刊行されてご好評をいただいた拙著『楽しく学ぶ数学の基礎』（サイエンス・アイ新書）を改訂し、図解やイラスト、レイアウトを刷新したものです。

2018年6月　星田直彦

CONTENTS

はじめに ... 2

第1章 数と式 ... 7

負の数があれば、かなり便利なのです！
正の数、負の数 ... 8

電卓にだってやれない計算があるのです
不能、不定 ... 12

「友だち以上、恋人未満」はどう表す？
不等号 ... 15

「太った」のに「やせた」と言える!?
引き算を足し算にする ... 20

「項」って、トランプみたいなものさ！
項 ... 23

パンツが先かズボンが先か、それが問題だ
交換法則 ... 26

性格の違う2人のほうが、相性がいい!?
逆数 ... 29

同じことを何度もかいていられない！
累乗と指数法則 ... 32

計算だけのためにあるんじゃない
文字式 ... 38

セールで何円になるかわからない？
割、％ ... 45

俺とあいつは「同類項」？
単項式と多項式 ... 50

$5x^2-3x+4$ はどうして「2次式」なの？
次数と係数 ... 53

「＝」を「イコール」と読んでほしい理由
等式 ... 58

文字式のありがたみを痛感します
偶数と奇数 ... 60

因数？　整数を顕微鏡で見ると……
因数と素数 ... 65

約数の個数を求めるのだってカンタン！
素因数分解 ... 69

自然数を「篩」にかけると……？
エラトステネスの篩 ... 73

困ったときは「2回方式」「4回方式」さ！
式の展開 ... 76

なぜか「因式分解」と呼ばないのです
因数分解 ... 80

楽しくわかる数学の基礎

数と式、方程式、関数の「つまずき」がスッキリ！

サイエンス・アイ新書

「平方の木の根っこ」という考え方
平方根 …… 83

手ごわい平方根は、これで表します
√ (根号) …… 86

一夜一夜に人見頃、富士山麓オウム鳴く
平方根の大小 …… 90

平方根のかけ算は「ババ抜き方式」で！
平方根の性質と平方根のかけ算 …… 93

7分の1を小数で言えますか？
循環小数 …… 97

世の中には、分数で表せない数がある
有理数と無理数 …… 102

第2章 方程式 …… 107

正しいの？ まちがってるの？
方程式 …… 108

え？ 方程式は勘で解くの!?
方程式の解 …… 111

まどろっこしい中に、大切なことがある
方程式を勘や表で解く …… 113

てんびんやシーソーを思い浮かべてください
等式の性質 …… 117

方程式を手際よく解くテクニック
移項 …… 120

分数が苦手な人に朗報です
分母をはらう方法 …… 124

「それで本当にいい〜？」ということ
解の吟味 …… 127

わからない数が2つ以上もあるなんて……
連立方程式 …… 129

足してもダメなら引いてみな！
加減法 …… 132

加減法のほうが人気が高いみたいだけど
代入法 …… 138

解のない方程式だってあるんだ！
連立方程式の解とグラフ …… 141

4000年の歴史が私たちを見ている！
2次方程式 …… 143

まずは因数分解できるかを判断！
2次方程式を解く方法 …… 147

CONTENTS

因数分解できないなら、この方法で
2次方程式を平方根で解く方法 ……… 151

ぴったりと重なって、1つに見える
重解(重根) ……… 157

「虚数」だからって、ウソじゃない
実数と虚数 ……… 159

第3章　関数 ……… 163

東経139度44分、北緯35度40分で会いましょう
座標平面 ……… 164

片方が増えると、もう片方も……
比例の関係 ……… 167

比例のグラフを10秒以内でかく方法
比例のグラフ ……… 172

ものには、限度ってぇもんがあるんだ
変域 ……… 177

かけ合わせれば、いつも……
反比例の関係 ……… 180

カーボン紙を使えば一度にかける?
双曲線 ……… 185

その数で比例のすべてがわかる!?
比例定数 ……… 190

英語では「function」っていいます
関数 ……… 193

関数を知るスタートライン!
1次関数 ……… 198

これさえあれば、1次関数のグラフなんて
切片と傾き ……… 200

2倍の面積のお好み焼きが食べたい!
2乗に比例する関数 ……… 205

パラボラアンテナは放物線を利用している!
放物線 ……… 209

変化の割合が一定って、めずらしいと思うのですが……
変化の割合 ……… 212

変わるほうがおもしろいでしょ!?
放物線での変化の割合 ……… 215

おわりに ……… 219
索引 ……… 220
主要参考文献 ……… 222

第1章

数と式

エラトステネス(紀元前276年ごろ～同196年ごろ)

　古代ギリシアの地理学者、数学者。紀元前235年ごろ、アレクサンドリアのムセイオンの館長に就任。数学においては、素数を見つけるための「エラトステネスの篩」によって知られる。

※「ムセイオン」は当時の研究所で「ミュージアム」の語源

負の数があれば、かなり便利なのです！
正の数、負の数

▶ 負の数は必要か？

　日常生活で気温を表現するとき、私たちは摂氏温度を利用するのがふつうです。あまりに寒い日には正の数だけでは足りなくなって、「マイナス3度」などと表します。

　しかし、温度を表すためには、負の数が必須というわけではありません。実は、「絶対温度」というものがあるのです。

　物質を冷やしていくと、やがてこれよりは温度が下がらないというポイントがあり、この温度を基準にして0Kと表します。したがって温度を絶対温度で表せば、負の数は現れません（ちなみに、絶対温度の目盛りの間隔は、摂氏温度の目盛りの間隔と同じです。摂氏0度を絶対温度で表せば、273.15 Kとなります）。

▶ 反対の性質を持つ量

　温度を表すだけなら、負の数は必要ありません。また、リンゴの個数を数えるだけなら、自然数（正の整数）だけで十分です。でも、負の数があれば、かなり便利なのです。

「収入」はお金が入ってくる、「支出」はお金がでていく、まったく逆のお金の動きです。収入だけの話にかぎれば、0と正の数だけで十分です。また、支出の話だけに限定すれば、これもまた、0と正の数だけで事足ります。

　しかし、**収入も支出も、「お金の流れ」**という点では同じです。

第1章 数と式

なんとか「統一」して表すことができないでしょうか？

できます！

まずは、収入も支出もないというポイントを基準(原点)にします。ここを0と表します。

ただ、これだけでは不十分です。「300円」とかいただけでは、収入か支出か迷ってしまいそうです。「反対の性質を持つ量」だということを示すためには、なにか「印」をつける必要があります。

たとえば、300円の収入なら「入300円」、300円の支出なら「出300円」などと表せばよいですね。このようにして「正の数と負の数」の考え方が生まれてきました。

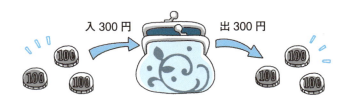

▶ もともとは基準からの過不足

ここではわざと「＋」「－」という記号は使わずに、「入300円」「出300円」とかきました。区別ができて、わかりやすければ、なんだっていいのです。古代の中国では、「⊥」「T」とかかれた記録があります。現在の私たちが使っている「＋」「－」の記号が初めて登場したのは、ドイツのヨハン・ウイットマンが1489年に出版した本の中といわれています。

どうも私たちは、「＋」「－」と言えば、加法、減法の演算の記号と考えてしまいます。しかし、「＋」「－」が数学の歴史上で初めて登場したときは、基準からの過不足を表すためだけの記号だ

ったのです。

少しだけ、符号の使い方の注意をしておきましょう。負の数にはかならず負の符号「−」をつけてください。ただし、正の数については、臨機応変です。単純に「8」とかいてあれば、それは「＋8」を意味しています。

▶絶対値とは？

先ほどは、「入300円」「出300円」という表現をしました。「300円」という部分が共通しています。なにが共通しているのでしょうか？　それは、「基準（原点）から300円離れている」ということです。

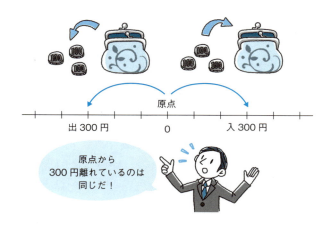

このように、ある数を表す点と原点がどれだけ離れているか（距離）を、その数の「絶対値」といいます。「反対の性質を持つ量」を扱う場合、どうしても必要になる概念です。

第1章 数と式

> 「絶対値」……原点からの距離
> 正か負か、方向は関係ない！

「−3の絶対値」といえば、「−3」という「点」が、原点である0からどれだけ離れているかということです。したがって、「−3の絶対値」は3です。+3の絶対値も、−3の絶対値も3です。また、0の絶対値は0です。

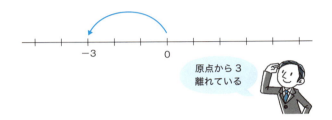

原点から3離れている

▶ **絶対値を表す記号**

現在の中学校の教科書には紹介されていませんが、絶対値を表すための記号があります。下のように、数を2本の縦棒で挟み込みます。

> −5の絶対値を次のように表す
> |−5|

以下のように、式の中でも使うことができます。

|−5| = 5
|+8| + |−8| = 8 + 8 = 16

電卓にだってやれない計算があるのです
不能、不定

▶電卓のエラー表示

電卓やスマホで「5÷0」を計算すると、エラー表示(「E」や「エラー」など)がでます。やったことがない方は、ぜひ試してください。

いつも計算を助けてくれる電卓がエラーを表示するほど、難しいことをさせてしまったのでしょうか？ このことについて考えてみましょう。
「5÷0」について生徒に尋ねると、「5だ！」「0だ！」と2つの意見がすぐに飛びだします。答えが割れるようなので、とりあえず、以下のようにしてみましょう。

5÷0＝□

第1章　数と式

これは同時に、次の式が成り立つことを意味します。

　□ × 0 ＝ 5

この□に当てはまる数値がありますか？
　□がどんな数であっても、0をかけると積（かけ算の答え）は0になってしまいます。5にはなりません。**つまり、□に当てはまる数など存在しないのです。**
　もしかすると、みなさんは、「0で割ってはいけない」と教わった記憶があるかもしれません。しかし、それは違います。0で割ってはいけないのではありません。「0で割っても、答えが存在しない（「不能」と呼ばれることがあります）」のです。
　きっと中学の先生は、
「0で割っても答えが存在しないのだから、0で割ることは考えない。だから、0で割ってはいけない」
という意味で言ったのです。でも、いつの間にか、前半部分がどこかに消え去ってしまったのでしょうね。

> 5 ÷ 0 …… 答えが存在しない（不能）

▶ **0 ÷ 0 は？**
　今度は電卓に「0 ÷ 0」をさせてみましょう。やはり、エラー表示がでましたね。
　では、5 ÷ 0のときと同様、以下のように表してみましょう。

　0 ÷ 0 ＝ □

これは同時に、次の式が成り立つことを意味します。

□ × 0 = 0

さあ、□に当てはまる数値はなんでしょう？

1 × 0 = 0
2 × 0 = 0
3 × 0 = 0
4 × 0 = 0
⋮

このように、□に当てはまる数値は1つではありません。たくさんあります。ありすぎるのです！ 小数でも、分数でも、負の数でもかまいません。
「0÷0の答えは、定まらない（「不定」と呼ばれることがあります）」というのが正解です。

> 0 ÷ 0 …… 答えが定まらない
> 　　　　　（不定）

Windowsパソコンの電卓アプリでは、不能が上の画面のように、不定が下の画面のように表示されます。

「友だち以上、恋人未満」はどう表す？
不等号

▶ 不等号って？

「≠」という記号があります。「$a \neq b$」とかいて、aとbが等しくないことを表します。「a ノットイコール b」と読むことが多いようです（英語では、"a is not equal to b."と読むそうです）。

「不等号」とは、「等しくないことを表す記号」なのですから、「≠」を「不等号」と呼んだほうがよいと思います。しかし、実際に「不等号」と呼ばれているのは、「＜」や「＞」です。これらは大小関係を表すための記号ですから、「大小記号」とでも呼ぶのがふさわしいと思うのですが……。

▶ 不等号の読み方は？

みなさんは、不等号をどのように読んでいましたか？

> $a < b$ …… a は b より小さい
> a 小なり b
> a is less than b

と読まれることが多いようですが、実は、教科書にも読み方がかかれていません。

さて、「5は3より大きい」ことは、次の2通りで表すことができます。

$3 < 5$ $5 > 3$

しかし、なるべく「3＜5」とかくことをおすすめします。数直線上の数は、右にあるほど大きい——それに合わせているわけです。

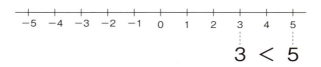

3より5は大きい！

▶ 2 ≦ 2 という表現は正しいの？

「≦」、「≧」という記号もあります。

> $a \leqq b \cdots\cdots a < b$　または　$a = b$
> $a \geqq b \cdots\cdots a > b$　または　$a = b$

「＜」と「＝」を合体させた記号が「≦」、「＞」と「＝」を合体させた記号が「≧」というわけです。

ここで、「または」というのが、くせものです。

「$a \leqq b$」というのは、「$a < b$」か「$a = b$」の、どちらかが成立していれば、それで「正しい」のです。ですから、「$2 \leqq 2$」という式は、完璧に正しいということになります。

「お酒は二十歳（はたち）になってから」とよく言いますが、不等式で表せば、「$20 \leqq x$」でしょうか。x は、ある人の年齢を表しています。

$x = 19$ であるときは「$20 \leqq 19$」となり、不等式は成り立ちません。$x = 20$ であるときは「$20 \leqq 20$」となり、不等式は成り立ちます。

第1章 数と式

▶ 食事をおいしくいただくために……

「料金:大人2160円、子ども（小学生以下）1296円」

食べ放題式のレストランに行ったとき、このように料金が掲示されていたとします。

法律や数学では、「以上」「以下」という場合は、基準となる数量を含むことになっています。だから、この場合、小学6年生も2年生も1296円で食べられるはずです。

しかし、いつも一抹の不安がつきまといます。自分の「以上」「以下」の認識が正しいとしても、お店の意図と同じとはかぎりません。だから、私は「掲示がまちがっているかもしれない」と思って、食前に確かめることにしています。ちょっと恥ずかしいのですが、そのほうが食事をおいしくいただけます。

▶ 「以上」や「以下」を不等号や数直線で

「以上」とは、「基準となる数量に等しいか、または、それよりも大きいこと」をいいます。たとえば、ある数 x が2以上であることを、$2 \leqq x$ とかきます。これは、$2 = x$ と $2 < x$ とを合わせてかいたものです。

逆に、「以下」とは、「基準となる数量に等しいか、またはそれよりも小さいこと」をいいます。ある数 x が2以下であることを、$x \leqq 2$ とかきます。

「以上」や「以下」を数直線を使って表すと、下の図のようになります。この場合、数直線上の「●」は、2を含むことを示します。

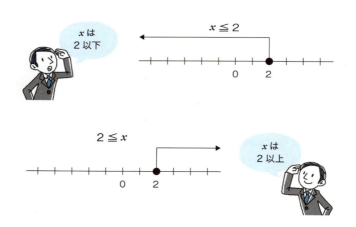

さて、下の図のような状況を表すうまい言葉がありません。「超過」という候補はありますが、まだ一般的ではありません。これは、「xは2より大きい」などというしかありません。残念です。

不等式でかけば、$2 < x$です。この場合、数直線上の「○」は、2を含まないことを示します。

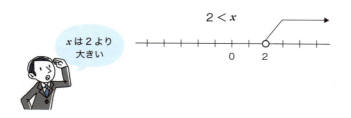

▶友だち以上、恋人未満！

「あなたとの関係は、友だち以上、恋人未満よ！」

あまり言われたくない台詞ですね。

「未満」は、「基準となる数量よりも小さいこと」をいいます。ある数 x が 2 未満であることを、$x<2$ とかきます。数直線を使って表すと、下の図のようになります。

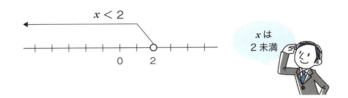

もし「恋人未満」と言われたら、相手はあなたを恋人として認めていないということです。「恋人以上」になるためには、かなりの努力が必要でしょう。がんばってください。

「太った」のに「やせた」と言える!?
引き算を足し算にする

▶閉じている? 閉じていない?

正の整数のことを「自然数」といいます。物を数えるときによく使う数です。自然数と自然数を足すと、答えも自然数になります。

$$3+5=8$$
$$14+1256=1270 \quad \text{など}$$

ですから、自然数の範囲で加法(足し算)をやっていて困ることはありません。このことを、「自然数は、加法について閉じている」といいます。

ところが、自然数の範囲で減法(引き算)をやろうとすると、たちまち困った事態になります。

$$3-5=?$$
$$14-1256=? \quad \text{など}$$

自然数は減法について閉じていないのです。この意味で、加法と減法はしっかりと区別する必要があります。

> 自然数は、加法について閉じている
> 自然数は、減法について閉じていない

中学校では、負の数を習います。負の数の導入で、自由自在に

第 1 章 数と式

減法で計算ができるようになります。もう困りません。そのおかげで、ちょっとおもしろいことが可能になります。

▶私、やせました

「私、2 kg も太ったのよ！」

あまり口にしたくない言葉でしょう。そこでこの文章を、内容を変えずに次のように言い換えます。

> 「私、−2 kg もやせたのよ！」

「やせた」という言葉を使って表現できるのです（実態はなにも変わっていませんが……）。このように、**正の数と負の数をうまく使うことで、内容を変えずに表現を変えることができます。**

たとえば、次の式には減法が2カ所ありますが、これを加法に変えてみましょう。正の数を引くときは負の数を加え、負の数を引くときには正の数を加えればよいのです。

$$(+8)-(+7)-(-3)+(-1)$$
$$=(+8)+(-7)+(+3)+(-1)$$

▶ぜ〜んぶ、加法にしちゃえ！

「反数」という言葉があります。この言葉を使えば、説明はもっと短くなります。

> $a + b = 0$ のとき、
> a と b はたがいに他の「反数」という

たとえば、5の反数は、−5です。−5の反数は、5です。簡単ですね。「反数」とは、「符号を変えた数」だと思えばよいわけです。実際に中学1年の教科書には、「符号を変えた数」という説明が載っています。

> ある数を引くには、その反数を足せばよい

この方法で、すべての減法を加法にすることができます。もう減法なんて考えなくてもよいのです！ **世の中の減法はすべて、加法に統一することができるのです！**

このことを、すばらしいことと思いましょう。算数から数学への階段を1段上ったって感じです。

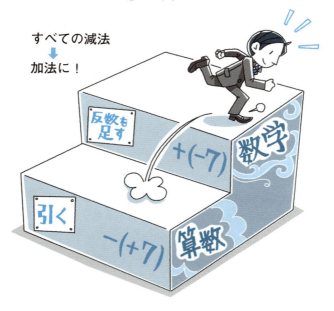

第1章 数と式

「項」って、トランプみたいなものさ！
項

▶ トランプを並べてみよう

正の数、負の数の説明をするときに、数学の教師はよくトランプを使います。黒いカード（スペード、クラブのカード）は正の数、赤いカード（ダイヤ、ハートのカード）は負の数と約束します。

適当に4枚を並べて、足してみましょう。

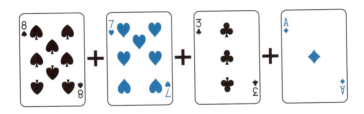

トランプとトランプの間に「＋」があります。この「＋」は、加法の演算記号であって、正負を表す符号ではありません。このときのトランプ1枚1枚を、数学では「項」と呼びます。

数式でかいてみましょう。

$$(+8)+(-7)+(+3)+(-1)$$

上の式では、＋8，－7，＋3，－1がそれぞれ「項」であるということです。ちなみに、「項」は訓読みで「うなじ、くび」とも読みます。意味が転じて、「ことがらのひとつひとつ」という意味が生まれました。「項目」「第1項」などと言いますね。

23

さて、符号と演算記号をしっかりと区別しながら、前の式を読んでみましょう。

「プラス8 たす マイナス7 たす プラス3 たす マイナス1」

▶加法の演算記号「＋」を省略しよう！

もう一度、先ほどの式を見てください。

（＋8）＋（－7）＋（＋3）＋（－1）

加法ばかりの式ですね。そこで、ちょっと大胆なことに挑戦です。次の図をご覧ください。

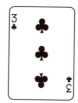

この図を初めて見た人は、「トランプが4枚並べてある」としか思えないでしょう。しかし数学では、便利なルールがあります。**加法だけの式なら、加法の記号とかっこを省いてかいてよいの**です。つまり、項だけを並べてかくことができるのです。

見えないけど「＋」がある——と考えるんだね！

第1章　数と式

　トランプを4枚並べてあるだけに見えても、トランプとトランプの間には、加法の演算記号「＋」があるものとして考えます。
　数式では、次のように表すということです。

　　8－7＋3－1

ずいぶんスリムな式になりましたね。ちなみにこの式は、次のように読みます。

　　「8 マイナス 7 プラス 3 マイナス 1」……A

▶代数和と算術和

　さて、小学校でも「8－7＋3－1」という計算は登場します。小学生は、きっとこう読むでしょう。

　　「8 ひく 7 たす 3 ひく 1」……B

　まったく同じ式なのに、中学生はA、小学生はBの読み方をします。少々専門的になりますが、Aは「代数和」、Bは「算術和」と呼ばれます。このあたりも、算数と数学の分かれ目なのかなぁと思います。
　また、代数和と考えても、算術和と考えても、その答えが一致する──つまり、本当なら区別するべきなのかもしれない符号の「＋，－」と演算記号の「＋，－」について、わざと同じ記号を使っているという先人たちの巧みな技に、私は感動してしまうのです（生徒たちには、じょうずに伝えきれませんが……）。

パンツが先かズボンが先か、それが問題だ
交換法則

▶交換法則って？

数学の世界では、いつでも交換 OK というときがあります。これが「交換法則」と呼ばれるもので、加法、乗法の場合が特に有名です。

> **交換法則**
> 加法の交換法則　$a+b=b+a$
> 乗法の交換法則　$a \times b=b \times a$

交換 OK なんだ

一般には集合 A における演算 $*$ が、A の元(要素) a, b について、

$$a * b = b * a$$

を満たすとき、つまり「順序を入れ替えても結果は同じ」という場合、「演算 $*$ は交換法則を満たす」といいます。減法や除法では、悲しいかな、これが成立しません。

　　加法、乗法……交換法則が成り立つ
　　減法、除法……交換法則が成り立たない

ちなみに交換法則は、結合法則、分配法則と合わせて、「計算の三法則」と呼ばれています。ほかの2つの法則も紹介しておきましょう。

第 1 章 数と式

> **結合法則**
>   加法の結合法則　　$(a+b)+c=a+(b+c)$
>   乗法の結合法則　　$(a×b)×c=a×(b×c)$
> **分配法則**　　　　$a×(b+c)=a×b+a×c$

▶交換法則はスゴイ！

考えてみれば、**交換法則が成り立つなんて、これはスゴイことなのです**。だから、中学校の教科書でも大きく扱われるし、利用する価値が生まれます。

どうも世間では、交換法則の重要性が十分に理解されていないような気がします。私たち数学を教える者も、もっと大胆にアピールしないといけませんね。交換法則が成り立つということは、本当にスゴイことなのです。

世の中のさまざまな事象では、ほとんどの場合、交換法則が成り立たないんですよ。以下のことがらについて、順序を逆にしたらどうなるか、考えてみてください。

- パンツをはいてから、ズボンをはく
- 本を読んでから、感想文をかく
- パソコンを立ち上げてから、ソフトを使う
- ドアを開けてから、中に入る
- 皮をむいてから、食べる
- 服を脱いでから、風呂に入る
- お金を払ってから、領収書をもらう

入れ替えるとヘンだなぁ

ね、なんだかおかしいですよね。これらの例と減法や除法とは、ずいぶん性格が異なっているので、同じに考えることはできません。なかばお遊び気分でリストアップしました。

　しかし、順序を崩せば、なんらかの不都合が生じるということは、わかっていただけたでしょう。だから世の大人は、「物事には順序がある」と言うのです。

　ところが、加法と乗法は交換法則が成り立つのです。「順序なんて関係ねぇ」なのです。なかなかスゴイやつなのです。これを計算に利用しない手はないですよね。そこで問題です。

> 【問題】
> 次の計算をしなさい。
> 　（1）45＋38＋55　　（2）2×27×5

　頼みますからいきなり計算を始めないでください。ここは、交換法則の出番です。以下のように順序を変えれば、わりとあっさり計算できます。

（1）　45＋38＋55
　　＝45＋55＋38
　　＝100＋38
　　＝138

（100ができそう）

（2）　2×27×5
　　＝2×5×27
　　＝10×27
　　＝270

（10ができる！）

第1章 数と式

性格の違う2人のほうが、相性がいい!?
逆数

▶ どちらの割り算がやりやすい？

生徒たちに尋ねます。

「どちらのタイプの割り算がやりやすいですか？」

　　　A……12 ÷ 4　　　B……12 ÷ 5

Aタイプが楽だと答える生徒が多い中、ニヤッと笑ってBタイプがやりやすいと答える生徒がいます。その生徒がどうしてBタイプが楽だと思ったのか、理解できない生徒が多いようです。

29

「12÷4」と「12÷5」、そのものを比べているのではありません、どちらのタイプがやりやすいかを聞いているのです。

次の問題なら、そのことがよくわかるでしょう。

A …… 168 ÷ 12　　　　B …… 168 ÷ 11

あなたはどちらがやりやすいですか？　ここまできて、ようやくこちらの真意が伝わります。

「そうか、Bタイプのほうが楽なんだ」

A …… $168 ÷ 12 = \dfrac{168}{12}$

B …… $168 ÷ 11 = \dfrac{168}{11}$

なるほどね！

実際には、Aは約分できます。約分できてしまうのです。だから、約分できないBのほうが楽です。約分しなくてよいのですから！

場面にもよりますが、**割り算はその答え（商）をまず分数で表しましょう**。そのあと、必要なら約分してください。

> 割り算の答え（商）は、まず分数で表す
> 必要なら、そのあとに約分を！

計算をうまく進めるコツは、なるべく計算しないことです。

答えが分数になるから難しいのではなく、分数にすることで楽になるのだと考えましょう。

▶割り算はしない！

加法と減法は、加法に統一できると述べました。同様に、**乗法と除法は、乗法に統一できます**。除法を乗法で表す方法については、小学校で学習しています。復習しましょう。まずは、「逆数」という言葉を思いだしてください。

> $a \times b = 1$ のとき、
> a と b はたがいに他の「逆数」という

たとえば、5 の逆数は $\frac{1}{5}$、$\frac{3}{4}$ の逆数は $\frac{4}{3}$ です。
では、除法を乗法に言い換えてみましょう。

3 で割る ➡ $\frac{1}{3}$ をかける

-5 で割る ➡ $-\frac{1}{5}$ をかける

$\frac{2}{7}$ で割る ➡ $\frac{7}{2}$ をかける

という感じで進めれば、すべての除法を乗法で表すことができます。

> ある数で割るには、その逆数をかければよい

いくつか例を示しましょう。

$$168 \div 11 = 168 \times \frac{1}{11} = \frac{168}{11}$$

$$(-3) \div (-5) = (-3) \times \left(-\frac{1}{5}\right) = \frac{3}{5}$$

除法を乗法に変えることで、交換法則が使えるようになります。そうすることで、計算の幅が広がります。

同じことを何度もかいていられない!
累乗と指数法則

▶ **電話の向こうで計算してもらうとき……**

たとえば、電話の相手に、次の式を伝えるとします。

  5 × 7 × 29 × 48

たぶんあなたは、「5かける7かける……」と伝えますよね。ほかの方法はあまり考えにくいです。
では、次の式ならどうですか?

  15 × 15 × 15 × 15 × 15 × 15

「15かける15かける……」とやりますか?
もちろんそれでもいいのですが、「15を6回かけてください」と伝える方法もあります。後者のほうが気がきいていると思うのですが、いかがでしょう?

同じ数を繰り返しかけ算するなら、便利な表現があるということです。利用しない手はありません。

▶累乗って?

同じ数をかけ合わせるときには、次のように表します。

$$
\underbrace{2 \times 2 \times 2}_{3個} = 2^{\overset{\displaystyle 3}{\uparrow}}_{\text{指数}} \quad \cdots\cdots 「2の3乗」と読む
$$

$$
2 \times 2 \times 2 \times 2 \times 2 \times 2 \times 2 \times 2 \times 2 \times 2 \times 2 = 2^{11}
$$

$$
\cdots\cdots 「2の11乗」と読む
$$

$$
\underbrace{a \times a \times a \times a \times \cdots\cdots \times a \times a \times a \times a}_{n個} = a^n
$$

このように同じ数をいくつかかけ合わせたものを「累乗」と呼びます。「a^n」と表したとき、右肩の数 n は「指数」と呼ばれ、かけ合わせた個数を示しています。また、このときの a を「底」といいます。

▶平方と立方

ここまで復習したところで、突然ですが、次の問題をやってみてください。

【問題】
縦の長さが4cm、横の長さが4cmの長方形の面積を求めなさい。

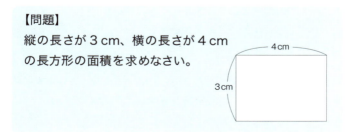

もちろん、生徒たちは簡単に答えを求めます。
「12」
「ちゃんと単位もつけて言ってごらん」
「12平方センチメートル」
「どうやって求めたの？」
「3×4」
「ちゃんと単位もつけて言ってごらん」
「3cm×4cm」
「ほら、『cm』を2回かけたでしょう。だからこの長方形の面積は、12cm^{2}ってかくんだよ」
——生徒から「へぇ〜」という声が聞こえます。
　[cm^2]のように、「2乗」のことを「平方」あるいは「自乗」ということがあります。5^2なら「5の平方」や「5の自乗」と読むことがあるわけです。また、5^3を「5の立方」と読むことがあります。
　しかし、なぜだか「平方」という言葉は、生徒の頭から簡単に消えてしまうようです。そうならないように、最後に歌を歌うことにしています。♪平・平方〜！

▶指数を足し算する？

　次に、$2^3 \times 2^2$を求めましょう。

$$2^3 \times 2^2 = (2 \times 2 \times 2) \times (2 \times 2)$$
$$= 2 \times 2 \times 2 \times 2 \times 2$$
$$= 2^5$$

　指数の部分だけを見てください。3＋2＝5となっています。累乗同士のかけ算では、指数を足し算すればよいわけですね。

▶指数を引き算する?

次は、割り算。たとえば、$2^5 \div 2^3$ です。

$$2^5 \div 2^3 = \frac{2 \times 2 \times 2 \times 2 \times 2}{2 \times 2 \times 2} \ \cdots\cdots ①$$
$$= 2 \times 2$$
$$= 2^2$$

途中の計算を飛ばして、最初と最後だけ見ると、以下のような式になっています。

指数の部分だけを見ると、$5 - 3 = 2$ となっています。累乗同士の割り算では、指数を引き算すればよいということがわかります。

ここまで来れば、「指数法則」を紹介してもいいでしょう。

指数法則

$a^m \times a^n = a^{m+n}$

$a^m \div a^n = a^{m-n}$

$(a^m)^n = a^{m \times n}$

▶「2の0乗」っていくら？

では、$2^3 \div 2^3$ はどうなりますか？ 指数法則を使えば、次のようになります。

$$2^3 \div 2^3 = 2^{3-3} = 2^0 \quad \cdots\cdots ②$$

あれ？ 2^0？ 変なものが登場しましたよ。「2の0乗」って、どういうことでしょう？

同じ計算を前ページの①式のように、分数の形式でまじめにやってみましょう。

$$2^3 \div 2^3 = \frac{2 \times 2 \times 2}{2 \times 2 \times 2} = 1 \quad \cdots\cdots ③$$

②式と③式を比較すると、以下のことがわかります。

$$2^0 = 1$$

2の0乗は1です。3の0乗も、4の0乗も1なのです。説明されてもなんだか納得できないかもしれませんが、「a の0乗は1」と約束することで、ほかの計算との関係が崩れずにすむのです。

▶「2の−1乗」っていくら？

指数が負の数の場合でも、大丈夫ですよ。

「2の−1乗」を求めましょう。「2の−1乗」を考えるには、次のような状況をつくりだせばいいですね。

$$2^{-1} \times 2^1 = 2^0 = 1$$

第1章 数と式

つまり、2^{-1} は、2^1 の逆数であることがわかります。2^{-1} とは $\frac{1}{2}$ のことです。また、2^{-2} は $\frac{1}{2^2}$ です。

一般的には、次のことが成り立ちます。

$$a^{-m} = \frac{1}{a^m}$$

▶「2の $\frac{1}{2}$ 乗」っていくら？

さらに、指数が分数の場合でも、小数の場合でも定義することができます。ここでは、指数が $\frac{1}{2}$ の場合だけ紹介しておきましょう（$\sqrt{}$ については p. 83、p. 86 参照）。

$$2^{\frac{1}{2}} = \sqrt{2}$$

一般的には、次のことが成り立ちます。

$$a^{\frac{1}{m}} = \sqrt[m]{a} \quad (a \text{ の } m \text{ 乗根})$$

37

計算だけのためにあるんじゃない
文字式

▶文字式は、なにに使うのか？

　こんな話があります。おじいちゃんの誕生日に、高校生の孫がiPodのような音楽プレーヤーをプレゼントしました。さっそく孫は「ここが電源のスイッチで……」と説明を始めます。しかし、それを制しておじいちゃんが言いました。
「これは一体、なにをするための機械なんじゃ？」
　そうなんです。まずは、そこを教えてあげないといけませんね。
「音楽を聴くための機械だよ！」

　本当は、音楽だけではありませんね。映像も見られますし、ゲームも楽しめます。しかし、入り口としてはこれくらいの説明でいいのではないでしょうか。
　では、「文字式」はなにをするためのものなのでしょう？　iPodのように、機能はたくさんあります。でも、ここでは「入り口」の説明をしたいと思います。
　あるお店で、消しゴムを1個買ったら代金が50円でした。3個で150円、8個で400円でした。ここまではOKですね？
　では、問題です。10個買ったらいくらでしょうか？
　500円？　残念でした。このお店は、10個買うと1個分の代金を安くしてくれるのです。だから、450円なんです。
　ずるい？　でも、こういうことってよくありますよね。

第1章 数と式

▶文字式を使うと、こんなときに便利！

では、これならどうですか？

消しゴム a 個で $50a$ 円

まとめてある！

　この表現は、文字式を習っていない人にとっては、少し難しいかもしれません。しかし、知っている人にとっては、これほど曖昧さがなく厳密な表現方法は、ほかにありません。何個買っても、高額の代金をふっかけられることはないし、サービスしてもらえることもない――ということまでわかります。ある意味、誠実なお店だといえますよね。

　そういうことまで伝えることができる、それが文字式の大切な機能の1つなんです。

> **文字式の機能**
> ・数量の関係や法則を簡潔に表現できる
> ・数量の関係や法則を一般的に表現できる
> ・数量の関係や法則を形式的に処理できる　など

▶式の値を求めましょう

　1個50円の消しゴムを a 個買ったときの代金は、$50a$ 円と表すことができます。

　消しゴム3個の代金を求めたいときは、a の代わりに3を入れて計算すればいいですね。そうすれば、$50 \times 3 = 150$（円）だということがわかります。

 このように、式の中の文字 a の代わりに3を入れることを、「a に3を代入する」といいます。「代わりに入れる」から、「代入」なんですね。このときの3を文字 a の値、代入して計算した結果150を $a=3$ のときの「式の値」といいます。

▶数学なんて計算さえできてりゃいいんだ!?

 肉屋さんで肉を買うとき、店の人は重さを量ります。現在では、量りに肉を載せたとたんに金額が表示される仕組みの量りが主流です。とても便利ですよね。

 どうしてすぐに金額が表示されるのでしょう? それは、金額を求めるための式があらかじめ量りにプログラムされているからです。100gが500円の肉なら、1gが5円ということになります。その肉を x g買った代金は、$5x$ 円と表せます。そして、量りに内蔵されたマイコンが、載せた肉の重さを式に代入し、その計算結果を表示しているというわけです。

第1章 数と式

　これからの社会、私たちはもっともっとコンピュータのお世話になるでしょう。代金はコンピュータが簡単に計算してくれますが、「100 g 当たりをいくらにするか、コンピュータがまちがっていないか」は人間が考えなければなりません。このとき、数量の関係を文字式で表す力のある人、代入して計算をする力のある人が、きっと頭角を現すと思うのですが、みなさんはどう思われますか？
「数学なんて計算さえできてりゃいいんだ」
　生徒たち、大学生たちからもよく聞く声です。しかし私は、今後ますます計算力だけでは太刀打ちできない社会になるのではないか、と考えています。

▶ 文字式の「使用上の注意」

　一般に、文字を使った式のことを「文字式」と呼びます。文字式を使う際にはいくつかのルールがあり、大きくまとめると5つになります。
　たった5つだけなのですが、それぞれに注意すべき点があって、そのことが中学生の頭を悩ませているようです。

> **文字式のルール**
> ① 乗法の記号「×」を省く
> ② 数と文字の積では、数を文字の前にかく
> ③ いくつかの文字の積は、ふつうアルファベット順にかく
> ④ 同じ文字の積は、累乗の形にかく
> ⑤ 除法の記号「÷」を使わず、分数の形にかく

▶バカにしないでよ！

まず、①と②。大変よく知られているルールです。

① 乗法の記号「×」を省く

② 数と文字の積では、数を文字の前にかく

これは、「$3 \times a$」を「$3a$」とかき、「$b \times 5$」を「$b5$」とかかずに、「$5b$」とかくということです。ただし、「$1a$」「$-1a$」とはかきません。それぞれ「a」「$-a$」とかきます。

aの前が1だとヘンな感じ

かけ算の記号を省くだけだと思われがちですが、これ、簡単なようで、難しいですよ。

生徒に次のように質問してみます。

先生：「3×5（さんかけるご）は？」
生徒：「15」
先生：「正解！　じゃあ、$3 \times a$（さんかけるエイ）は？」
生徒：「???」

この質問の流れで、きちんと「$3a$」と答えるのは、初心者には至難の業だと思います。

「3とaをかけ算したら、$3a$？　バカにしてんのか？」

と感じる生徒も多いでしょう。

文字式「$3a$」には、3とaをかけるという「操作」を表す面と、3とaをかけた「結果」を表す面があるのです。これは、慣れるまではかなりのハードルだと思います。

第1章 数と式

▶「ふつう」はアルファベット順

次は、順番についてのルールです。

　③いくつかの文字の積は、ふつうアルファベット順にかく

これは、「acb」とかかずに、「abc」とかく——ということです。

ただし、③のルールには、「ふつう」とあります。つまり、「かならず」ではないということです。相手にわかりやすく伝えるために、アルファベット順にこだわらない場面があるということです。たとえば、「対称式」「交代式」と呼ばれる式がそうです。

> 対称式……式に含まれるどの２つの文字を入れ替えても、
> 　　　　　式が変わらない
> 　　　　　例：$a + b + c,\ ab + bc + ca,\ abc$
> 交代式……式に含まれるどの２つの文字を入れ替えても、
> 　　　　　式の符号だけが変わる
> 　　　　　例：$(a - b)(b - c)(c - a)$

$ab + bc + ca$ は対称式です。3番目の項は ca となっていますが、これを ac にすると、$a → b → c → a → b → c$ ……という「循環」が崩れてしまうのです。

　中学校の段階では少ないですが、数学の勉強を続けていると、アルファベットの循環にこだわってかいたほうがわかりやすいという場面がやがて登場します。

▶帯分数のようなかき方はしない

さらに次のルールです。

④ 同じ文字の積は、累乗の形にかく

これについては、別の項目で述べましたね。「aaa」とかかずに、「a^3」とかく——ということです。こうすることで、式がスッキリします。

最後のルールです。

⑤ 除法の記号「÷」を使わず、分数の形にかく

簡単なように見えますが、このルールにはいくつか注意すべき点があります。

$\frac{a}{5}$ を $\frac{1}{5}a$ とかくことがあります。どちらも使われます。$a \div 5$ と考えるか、$a \times \frac{1}{5}$ と考えるかの違いです。

しかし、$\frac{2a}{b}$ を $2\frac{a}{b}$ と表現するのは許されません。**文字式では、帯分数のようなかき方はしないのです。**

$\frac{2a}{b}$ のように分数の形にかかれた式では、分母の b は0でない数を表すというのが暗黙の了解です。

第1章 数と式

セールで何円になるかわからない?
割、％

▶ いくら安くなるの?

悲しくなる現実があります。ある女子高生から聞きました。

お店で「レジにて30％引き」という案内があると、「安くなる」ということはわかるそうです。「20％引き」よりも「30％引き」のほうが、割引率がよいというのもわかるそうです。

ところが、商品をレジに持って行って金額を聞く(見る)まで、その商品がいくらになるのかわからないというのです。

最近の高校生ですから、必要ならスマホの電卓機能くらい使うことができます。しかし、電卓を持っていても、どうすればよいのかわからないそうです。

困りました。これでは、スマホが役に立っていません。

彼女は、割や％が「割合」を表すということはわかっているし、数値の大小が割合の大小を示すこともわかっています。

アニメ『宇宙戦艦ヤマト』で、ヤマトが波動砲を発射するときの有名な台詞に、

「エネルギー充塡120％!」

というのがあります。もし、彼女がこの台詞を聞けば、100％以上にエネルギーを詰め込んでいるのだとは理解できるのです。

では、どうして、2000円のTシャツが30％引きでいくらにな

るのかがわからないのでしょうか？

　割合が登場する計算は、生徒たちにはかなり高いハードルのようです。ここでは、そのハードルを低くするためのヒントを紹介します。

▶まず、「半分」で考えよう！

　小さな子どもは、よく「半分ちょうだい！」などと言います。「半分」なら、なんだか認識しやすいですね。やってみましょうか。

　　　10万円の半分
　　　8 L（リットル）の半分
　　　500 mの半分
　　　70 kgの半分

などと言いますが、ここで大事なのは、「半分」という言葉は、独立しては使えないこと。かならず、「〜の半分」という使われ方をします。「〜」の部分は、ふつう「もとになる量」と呼ばれます。

　では、次に、それぞれの答えを求めてみましょう。みなさんもぜひやってください。

　　　10万円の半分　➡　5万円
　　　8 Lの半分　　　➡　4 L
　　　500 mの半分　➡　250 m
　　　70 kgの半分　➡　35 kg

　どうやって計算しました？　「半分」ですから、2で割りましたか？　それでもよいのですが、もう少し読み進んでください。

▶「半分」を数値で表す！

先の4つの例では、もとになる量は違いますが、「半分」というのは同じです。では、この「半分」を別の表現に変えてみましょう。

いろんな言い方があるなぁ

（もとになる量）　　　（割合）
10万円　　の　　半分
8 L　　の　　2分の1
500 m　　の　　50 %
70 kg　　の　　5割

「50 %」というのは、「100等分したうちの50個」ということです。「%」とは、"per cent"。つまり「100につき」という意味です。

では、まず、500 m を 100 等分してみましょう。これくらいなら暗算でやれそうです。

$$500 \div 100 = 5 \,(\text{m}) \cdots\cdots ①$$

次に、その50個分を計算してみましょう。

$$5 \times 50 = 250 \,(\text{m}) \cdots\cdots ②$$

できました。答えは、250 m です。そうなんです。**無理して一度に計算しようとせず、まず100で割って、次に何個分かをかけ算すればよいのです。**

500m の 50％ は、500m を 100 等分したうちの 50 個なんだ

▶ 50％は、100 等分したうちの 50 個

2つの式に分けないで、かっこよく1つの式で計算したいという人は、さらに読み進んでください。

先ほど、「50％」というのは「100 等分したうちの 50 個」と述べました。「100 等分したうちの 50 個」というのは、分数でいうと $\frac{50}{100}$ です。これを「もとになる量」にかければよいのです。

$$500 \times \frac{50}{100} = 250 \text{ (m)}$$

「もとになる量」と「割合」をかければ、あなたが求めたい数値が求められるのです。

一方、「5 割」というのは、「10 等分したうちの 5 個」です。したがって「70 kg の 5 割」は、

$$70 \times \frac{5}{10} = 35 \text{ (kg)}$$

5 割は $\frac{5}{10}$ だから……

ということがわかります。

ちなみに、「‰」という記号もあります。

これは千分率を表す記号で「パーミル(per mil)」と読みます。1‰といえば、「1000 等分したうちの 1 個」という意味です。

「ppm」というのも聞いたことがありますよね。これは、"parts per million"、つまり百万分率を表しています。

割合を示す単位には、ほかに ppb, ppt, ppq などがあります。

ppb …… 十億分率　parts per billion
ppt …… 一兆分率　parts per trillion
ppq …… 千兆分率　parts per quadrillion

第 1 章　数と式

▶「レジにて 30 ％引き」に困らない！

ちょっと、まとめておきましょう。

> 1 ％ ……100 等分したうちの 1 個…… $\frac{1}{100}$
>
> 1 割 …… 10 等分したうちの 1 個…… $\frac{1}{10}$

　売り場で「レジにて 30 ％引き」を見つけたら、これからはレジに持って行く前に、自分で計算してみてください。

　この場合、値札の金額から「30 ％」を「引く」ということです。値札の金額を「100 ％」と考えるのですから、そこから 30 ％を引けば、70 ％しか残りません。つまり、値札の金額に $\frac{70}{100}$、あるいは 0.7 をかければいいのです。

　たとえば「2000 円の 30 ％引き後の金額」なら、以下のように計算します。

$$2000 \times \frac{70}{100} = 1400 \text{（円）}$$

　慣れてくれば、すぐにできるようになりますよ。買い物じょうずになりましょうね。

俺とあいつは「同類項」?
単項式と多項式

▶ 単項式

「**単項式**」とは、簡単にいえば、「項」が1つだけ(単数)の式のことです。もう少しいえば、数や文字をかけ合わせた形の式を「単項式」といいます。これがなかなか難しい。

次の6つの式のうち、どれが単項式かわかりますか?

$$8,\ 3x,\ 4ab,\ -2x^2y,\ \frac{x}{2},\ \frac{3}{y}$$

あっさりと答えましょう。はじめの5つが単項式です。

最初の「8」には文字が含まれていません。しかし、$8 = 8 \times a^0$ のように拡大解釈すればよいでしょう(a^0 は1ですね)。

5番目は、割り算だと思われるかもしれません。しかし、

と考えれば、確かに数と文字の積の形になっています。

6番目の $\frac{3}{y}$ は、分母に文字があります。これはふつう、単項式とは呼びません。

▶ 多項式

単項式をいくつかつなげると、「**多項式**」ができあがります。ただし、「8」と「3x」をつなげて「83x」とかくと、別の意味になっ

てしまいます。こういうときは、省略していた正の符号を必要に応じて復活させてください。

$$8 + 3x$$

▶同じ穴の狢

多項式の中で、文字の部分がまったく同じである項を「同類項」といいます。

この「同類項」という用語は、日常会話で使われることもありますね。「俺とあいつは同類項」なんて言うと、一見違うように見えても、実は同類であることを意味します。「同じ穴の狢」に似ていますね。

$$7a + 6b - 5a - 2b$$

ここで、a をリンゴ、b をバナナと考えてみましょう。たぶん、そんなことを考えなくても、$7a$ と $-5a$、$6b$ と $-2b$ が同類項であることはわかりますね。

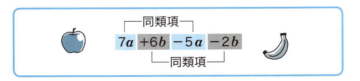

▶同類項をまとめよう

さて、同類項は、計算して1つの項にまとめることができます。つまり、リンゴはリンゴ同士、バナナはバナナ同士でまとめることができるのです。

$$7a \quad +6b \quad -5a \quad -2b$$
$$= 7a \quad -5a \quad +6b \quad -2b$$
$$= 2a \quad +4b$$

これで、終わりです。これ以上計算を進めることはできません。

> 同類項は計算して1つの項にまとめられる

「$2a+4b$」のように、項が2つある状態を「答え」とするのがなんだか不安になって、むりやり「$6ab$」とやってしまう生徒がいます。気持ちはよくわかります。しかし、それではリンゴとバナナのミックスジュースです。$2a$ と $4b$ はいわば「異類項」、これ以上まとめることはできません。

「$2a+4b$」という式は、$2a$ と $4b$ を足すという「操作」と、その「結果」の両方を表しています。ここのところが、中学1年生には難しいところなのです。

ミックスジュースにしたらダメなんだ

第 1 章 数と式

$5x^2 - 3x + 4$ はどうして「2次式」なの?
次数と係数

▶ かけ合わされた文字の個数を調べる

次の2つの単項式を見てください。それぞれの項に含まれている文字の個数について見ていきます。

$$5x^2 \qquad -3x$$

かけ合わされた文字の個数を、その項の「次数」といいます。

最初の単項式「$5x^2$」は「$5 \times x \times x$」ということですから、2個の文字の積を含んでいます。ですから次数は2です。2番目の単項式「$-3x$」は、文字を1つしか含んでいません。よって次数は1です。

次数は2

文字の個数を見るんだね

▶ この式は何次式?

次の多項式を見てください。3つの項がありますね。

$$5x^2 - 3x + 4$$

最初の項「$5x^2$」は、2個の文字の積を含んでいますから「2次の項」と呼ばれます。

2番目の項「$-3x$」は、文字を1つしか含んでいません。これは、「1次の項」です。

最後の項には、文字がありません。「0次の項」と呼ぶべきところですが、数だけの項の場合は「定数項」と呼ばれています。

$$5x^2 - 3x + 4$$
2次の項 1次の項 定数項

多項式 $5x^2 - 3x + 4$ の3つの項の中では、$5x^2$ の次数2がいちばん大きいですね。そこで、この多項式は「2次式」と呼ばれます。

$4x - 2$ ………… 1次式
$x^2 + 5x - 4$ …… 2次式
$a^3 - 7a$ ………… 3次式

次数がもっとも大きい項に注目すれば、何次式なのかはすぐにわかります。いまの中学校の教科書では、1年生で1次式、2年生で2次式が登場します。

▶多項式では、順序よく！

さあ、もう1つ多項式をだしましょう。

$7 + 5x^2 - 2x$

今度は、定数項（0次の項）、2次の項、1次の項の順に並んでいます。最大の次数は2ですから、2次式ですね。

しかし、「0次→2次→1次」という並べ方は美しくありません。次数の順に並べてみましょう。

$$5x^2 - 2x + 7 \quad \cdots\cdots 降冪の順$$
$$7 - 2x + 5x^2 \quad \cdots\cdots 昇冪の順$$

多項式をかく場合は、エチケットとして、どちらかの順にしておきましょう。

> 多項式では、次数の順に項を並べる

▶私に「係って」きなさい！

誰かと話をしていて、どうも相手に伝わっていない、相手の話がどうもよくわからない。おかしいなと思って、後日、再度同じ話をしてみたら、ある言葉について、おたがいが違う意味で使っていたことがわかった——そんな経験、みなさんにもあるかと思います。

数学という学問では、そういうことを極力避けたい。というより、あってはならないのです。だから、**使用する用語については、しっかり理解しておくことが必要です**。この本では、数学用語の使い方についても、わかりやすくかいているつもりです。

さて、「係数」を定義します。数と文字の積で、数の部分をその文字の「係数」といいます。ただ、これだけです。

$5x$ …… xの係数は5
$-2x^2$ …… x^2の係数は-2

では、次の式を見てください。

$2x^2 + x - 8$

x^2の係数は、2ですね。

では、xの係数はなんでしょう？ xの前に数がかいてありません。だから、係数は0？ いえいえ、「$+x$」というのは、「$+1x$」ということです。「1」が省略されているだけなのです。したがって、xの係数は、1です。

ほかにもまちがえやすい例を紹介しておきましょう。

$-x$ …… xの係数は-1
$\dfrac{x}{2}$ …… xの係数は$\dfrac{1}{2}$　※$\dfrac{1}{2} \times x$と考える
$\dfrac{3x}{4}$ …… xの係数は$\dfrac{3}{4}$　※$\dfrac{3}{4} \times x$と考える

▶係数が1のときは、1をかかない！

「$1 \times x$」のことを「$1x$」とかかず、たんに「x」とかくのはなぜなのでしょう？

あなたが駅で切符を買うとします。最近の切符の販売機には、便利なボタンがあります。「大人1人」、「子ども1人」、「大人2人」、「大人1人と子ども1人」、「大人2人と子ども1人」、「大人2人と子ども2人」などなど。金額のボタンを押す前に、必要な枚数のボタンを先に押せば、複数枚の切符を一度に購入できます。

私は1人分の切符を買うときに、ドキドキしながら実験したこ

第1章 数と式

とがあります。「大人1人」のボタンを押さずに、いきなり金額のボタンを押したのです。

そうしたらどうなったか？　当然、その額面の切符が1枚だけ発行されました。もちろん、大人1人のものです。「大人1人」のボタンを押してから、金額のボタンを押しても、同じ結果になります。同じ結果になるのなら、労力の少ないほうがいいじゃないか——という考え方です。

下の2つのシートが同じ内容を表しているとすれば、係数の「1」をかくのはどう考えてもめんどうです。だったら、みんなでかかないルールにしようということです。

あいさつをしてもしなくても、生活はできます。でも、あいさつのある生活のほうが気持ちいいですよね。「1」をかいてもかかなくてもいいのなら、かかないでおこう——数学はそんな選択をしたわけです。数学には情がない、なんてことをいう人がいますが、こんなところからきているのかもしれませんね。

いやいや、数学を勉強する者なら、あいさつなんて堅いことは抜きでいこう——私はそう思っているのですが……。

「=」を「イコール」と読んでほしい理由
等式

▶「3 + 2 = 5」と「5 = 3 + 2」

2つの式や数を等号「=」を使って結びつけた式を「等式」といいます。「1 + 1 = 2」だって、等式です。ずいぶん早くから学習しているのですが、「等式」という言葉は、中学1年生の教科書で初めて登場します。

まずは、次の4つの等式を見てください。

$$3 + 2 = 5 \cdots\cdots A$$
$$3 + 4 = 5 \cdots\cdots B$$
$$5 = 3 + 2 \cdots\cdots C$$
$$5 = 3 + 4 \cdots\cdots D$$

C式はこれでいいのかな？

ここで問題です。正しい等式はどれでしょう？

みなさんなら、AとCが正しくて、BとDがまちがっているとすぐにわかると思います。

ところが、小学生の中には（中学生の中にも）、C式が不安で不安で仕方がないという子どもがいます。みなさんは、この不安の原因がわかりますか？

▶「なりますの等号」

A式「3 + 2 = 5」を、小学校では「3たす2は5」と読みます。これは、「3たす2は5（になります）」という意味で、「～になります」の部分が省略されているのです。英語で言えば、"3 plus 2 makes 5."です。私はこのような等号の使い方を、「なりますの

第 1 章 数と式

等号」と呼んでいます。

　小学校では「＝」を「なりますの等号」として使う場面が圧倒的なので、「＝」の右側には計算の結果(答え)が来るものだと考えている子どもたちが多いのです。そのような子どもたちは、先のC式に不安を感じてしまうのです。

　単純に「〜になります」という意味で使うのなら、化学反応式のように「→」を用いて、「3＋2→5」と表したっていいのです。そのほうが、子どもたちにはわかりやすいかもしれません。

▶「等しいの等号」

　しかし、等号の本来の意味は違います。等号の左側(左辺)と右側(右辺)が「等しい」ということを表しているのです。「なりますの等号」に対して、「等しいの等号」と呼んでいます(「頭が頭痛」みたいな言い方ですが……)。

　だから、中学生になって、いつまでも「3たす2は5」と読んでいるのは、ちょっと恥ずかしいのです。では、なんと読めばいいのでしょうか？

　　　3 プラス 2 等しい 5 ……… いいかもしれません
　　　3 プラス 2 イコール 5 …… これが一般的です

英語でも"3 plus 2 equals 5."と表現します。

　中学生のみなさんは、「等しいの等号」なのだと意識するためにも、ぜひ「イコール」を使ってくださいね。

「＝」は「等しい」、「イコール」！

文字式のありがたみを痛感します
偶数と奇数

▶ (偶数) + (偶数) ?

中学2年の数学で、こんな問題が扱われます。

【問題】
　偶数と偶数の和が、偶数になることを説明せよ。

漠然とした問題です。

　　(偶数) + (偶数) = (偶数)

を説明せよということなのです。

2 + 4 は偶数になります。6 + 10 も偶数になります。しかし、この問題は、「偶数」というものすべてを一度に片づけてしまえ！——って感じがしますね。この問題との初対面では、どこから手をつけたらいいのかさっぱりわからないというのもうなずけます。そこで、偶数というものを深〜く見つめなおすことが必要になります。

第 1 章 数と式

▶ どうやって説明しようかな？

偶数といえば、2, 4, 6, 8, 10, ……というように 2 で割り切れる数です。「なぁんだ」と言って、次のように説明を始めた生徒がいました。

$$
\begin{array}{llll}
2+2=4 & 4+2=6 & 6+2=8 & 8+2=10 \cdots \\
2+4=6 & 4+4=8 & 6+4=10 & 8+4=12 \cdots \\
2+6=8 & 4+6=10 & 6+6=12 & 8+6=14 \cdots \\
2+8=10 & 4+8=12 & 6+8=14 & 8+8=16 \cdots \\
\vdots & \vdots & \vdots & \vdots & \ddots
\end{array}
$$

このようにかき並べて、すべての偶数に関して、結果が偶数になることを確かめようというのです。スゴイ意気込みです。

しかし、一体どれくらい続ければよいのでしょう？ 偶数なんて無限に存在するのですから、**いつまで計算したって終わりが来ません。**

追い打ちをかけるようですが……、「2 + 2 = 4」からスタートしています。実は 0 だって、− 2 だって、− 4 だって偶数です。

ダメです、あきらめましょう。「かき並べる方法（外延的定義）」では、説明は無理なのです。

▶ 偶数とは？

では、どうするか？ ここで、文字式の登場です。文字式を使って、偶数を定義するのです。

ここで、偶数の特徴をもう少し深く見てみましょう。
「『偶数』ってどんな数？」
と生徒に尋ねると……、

61

① 2, 4, 6, 8, 10, ……みたいな数
② 2で割り切れる数

両方ともまちがいではありません。しかし、①のようなかき並べる方法では、太刀打ちできないと述べました。

③かけ算の九九の「2の段」だ！

と言う生徒もいます。なかなかよい着眼です。
②と③は、ほとんど同じことを言っています。つまり、こんな感じですね。

$$2 = 2 \times 1$$
$$4 = 2 \times 2$$
$$6 = 2 \times 3$$
$$8 = 2 \times 4$$
$$10 = 2 \times 5$$
$$\vdots$$

整理されてきた！

▶文字式はありがたい

さて、それぞれの式の「似たところ探し」をすると、以下のことがわかります。

（偶数）＝ 2 × ○

○のところには、1, 2, 3, 4, ……のような整数が入ります。したがって、次のように表せます。

（偶数）＝ 2 ×（整数）

これが偶数の正体なのです！　では、もう一歩進んで、整数を"n"という文字で表してみましょう。

（偶数）＝ $2n$

> n を整数とすると、偶数は $2n$ と表すことができる

やった！　ついに、偶数を文字を使って表すことができました！　先ほどの外延的定義に対して、このような定義の仕方を「内包的定義」といいます。

この式は、スゴイのですよ。「$2n$」というたった 2 文字で、すべての偶数を表しているのです。世の中のすべての偶数を「$2n$」で代表しているのです。これが、偶数の「本質」なのです。

さて、奇数ですが、偶数に 1 を加えた数として考えてみましょう。次のように表されることが多いです。

（奇数）＝ $2n + 1$

▶文字式を使うと説明できる

問題は、偶数と偶数との和が偶数になることを説明せよとのことでした。つまり、もう1つ「別の偶数」が登場するわけです。そこで、それを別の整数「m」を使って、「$2m$」と表します。

これで、役者がそろいました。偶数と偶数の和は、以下のように表すことができます。

$$2m + 2n$$

しかしこれだけでは、その結果が偶数になることを示すことができません。そこで、分配法則を使って以下のように料理します。

$$2m + 2n = 2(m + n)$$

右辺に $m + n$ があります。もともと、m は整数、n も整数だったわけですから、その和である $m + n$ も整数です。

ということは、右辺の $2(m + n)$ は「$2 \times$（整数）」の形をしていることになります。これは、文句なしに偶数です。これで、偶数と偶数の和が偶数になることが説明できました。しかも、すべての偶数について説明したことになります。

本当は、整数と整数の和が整数になるということも、きちんと説明すべきところなのですが、中学、高校の段階では「当然のこと」として処理されています。

……というわけで
（偶数）＋（偶数）＝（偶数）
なんだね

第1章 数と式

因数？ 整数を顕微鏡で見ると……
因数と素数

▶その整数、どんな材料でできているの？

1つの整数がいくつかの整数の積の形に表されるとき、その個々の整数を、もとの整数の **因数（因子）** といいます。

しかし、「因数」という言葉の意味は、なかなか定着しません。因数の「因」という漢字に注目して考えてみましょう。

「因」は、「原因」「要因」の「因」です。ちなみに、訓読みでは「因みに」と読みます。

「因数」という言葉を使って伝えたいことは、「**その整数は、なにが原因（材料）となってできあがっているの？**」ということなのです。最近、野菜や肉などの生鮮食品について、生産・流通の履歴をたどることができること（トレーサビリティ）が求められていますが、それに近い感覚です。

たとえば、30について考えてみましょう。

$$30 = 3 \times 10$$

このように表せば、30 は 3 と 10 の積であるということがわかります。このとき、「3 と 10 は、30 の因数である」といいます。「30 は、3 と 10 からつくられている」ということです。

▶数の素

　多くの教科書では、素数について次のようにかかれます。

> **素数**
> 　1 より大きい整数で、1 とその数自身のほかに
> 約数を持たない数

　う〜ん、結果としてこれでいいし、そのとおりなのですが、これでは「素数」という言葉で伝えたいことを、ほとんど伝えられていないと思うのです。

　化学などの分野でも「分解」が登場します。物質を分解して分解して、これ以上小さくできないところまで分解します。そうして、「元素」という考え方が生まれてきました。

　では、**整数の「素」とはなにか？**　それは、整数をこれ以上分解できないところまで、積の形に分解すればわかります。**整数を顕微鏡で見るような感じです。**

　たとえば、30 という整数なら、

$$30 = 2 \times 3 \times 5$$

　ここまで分解して、ストップです。2, 3, 5 は、これ以上分解できません。

　自然数を、これ以上分解できないところまで分解したときに現

れる個々の整数が「素数」です。まさに、「数の素」です。

この場合、2, 3, 5 は 30 の因数ですから、「因数」という言葉と「素数」という言葉をミックスさせて、「素因数」と呼びます。自然数を素因数だけの積で表すことを、「素因数分解」といいます。

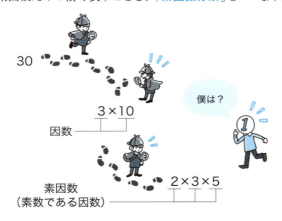

▶素数は 1 を含まない

では、なぜ素数に 1 を含めないのでしょうか？ これまで納得できなかった人も多いのでは？

でも、考えてみれば当然です。「素数」とは、「数の素」なのです。素数に 1 を含めると、おかしなことになってしまいます。

$$30 = 1 \times 30$$

この式で、30 を分解したといえるでしょうか？ 「数の素」を求めるといいながら、ふたたび因数として 30 が登場しています。これでは、倍率が 1 倍の顕微鏡をのぞいているようなものです。したがって、1 は、「数の素」にはなり得ないのです。

また、こんなことも起きてしまいます。

$$30 = 2 \times 3 \times 5 \times 1$$
$$30 = 2 \times 3 \times 5 \times 1 \times 1$$
$$30 = 2 \times 3 \times 5 \times 1 \times 1 \times 1$$

1を素数に含めると、素因数分解の方法が何通りも存在することになります。1を含めないことで、(かけ算の順序を考えなければ)素因数分解はただ1通りに決まります。これを、「素因数分解の一意性」といいます。

1は、素数ではない

したがって、最小の素数は2ということになります。偶数の素数は、2だけです。

一方、最大の素数は……、実は、**素数はいくらでも大きなものが存在すること**が証明されています。しかし、存在するのはわかっていても、見つけることは非常に難しいのです。2018年1月の時点で知られている最大の素数は、$2^{77232917} - 1$で、これは2324万9425桁になるそうです。

※『2017年最大の素数』(2018年、虹色社)

約数の個数を求めるのだってカンタン!
素因数分解

▶ 素数と合成数

まず、まとめておきましょう。
自然数は、次の3つに分類できます。

> ・素数 ……………… これ以上分解できない
> ・合成数 …………… 素数の積で表すことができる
> ・1 ………………… 素数でも合成数でもない

「合成数」という言葉は、中学数学ではでてきません。でも、教えればいいのにねと思います。「素数」という新しい言葉を覚えたときに、「じゃあ、素数じゃないのはなんて言うの?」って気にしている生徒もいるはずです。「合成数」という言葉を覚えることで、「素数」がより深く理解できると思うのです。

ちなみに、合成数を小さいほうから並べると……、4, 6, 8, 9, 10, 12, 14, 15, 16, 18, 20, ……、となります。

▶ 素因数分解の方法

さて、自然数を素因数だけの積で表すことを「素因数分解」というのでした。

例として、300を素因数分解してみましょう。

素因数分解を行うには、次のような方法がよく知られています。素数でどんどん割り算を行います。すると最後には、これ以上割り算できない(商が素数になる)ときが来ます。

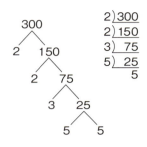

この結果、次のことがわかります。

$$300 = 2^2 \times 3 \times 5^2$$

　私はトランプにたとえることが多いのですが、300という数は「2」のカードを2枚、「3」のカードを1枚、「5」のカードを2枚使って表すことができる——ということなのです。

> **素因数分解**
> 　自然数を素因数だけの積で表すこと

▶素因数分解を使った裏技……約数の個数

　素因数分解をすることは、数を顕微鏡で見ることに似ていると言いました。細かく分解することで、その数の成り立ちをくわしく知ることができます。
　素因数分解の利用法を2つ紹介しましょう。まずは、素因数分解をすれば、約数の個数がたちどころにわかってしまう——というものです。

では、例として 300 の約数の個数を求めてみましょう。一体いくつあるのか想像できますか？ まず、300 を素因数分解します。

$$300 = 2^2 \times 3^1 \times 5^2$$

指数（右肩の小さな数）に注目です。3^1 のように、指数の 1 をかくことはふつうはしないのですが、今回は特別です。そうすると、指数は順に 2, 1, 2 ですね。それぞれに 1 を足してください。

3, 2, 3 になります。かけ合わせると、約数の個数がわかります。

$$3 \times 2 \times 3 = 18$$

300 の約数は……、1, 2, 3, 4, 5, 6, 10, 12, 15, 20, 25, 30, 50, 60, 75, 100, 150, 300。確かに 18 個です。

なぜ、約数の個数をこんな計算で求められるのでしょうか？

300 の約数はすべて、300 の素因数である ②, ②, ③, ⑤, ⑤ の 5 枚のカードを使って、その積として表すことができるのです。

その 5 枚のカードの使い方を考えると、

② …… 使わない, 1 枚使う, 2 枚使う … 3 通り
③ …… 使わない, 1 枚使う …………… 2 通り
⑤ …… 使わない, 1 枚使う, 2 枚使う … 3 通り

したがって、約数の個数は「$3 \times 2 \times 3 = 18$(個)」になるわけです。

約数の個数がわかる！

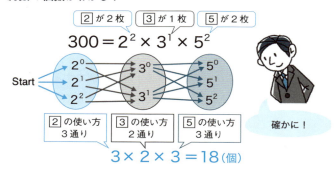

▶平方数

ある自然数を平方(2乗)してできる数を「平方数」といいます。具体的に言えば、1, 4, 9, 16, 25, 36, ……などが平方数です。

では、300は平方数でしょうか？ つまり、300 = ○×○ としたとき、○の中に入る自然数はあるのでしょうか？ そんなことも、素因数分解をすることで簡単に判断できます。

300を構成しているのは、[2], [2], [3], [5], [5] の5枚のカードでした。[3] は1枚しかありませんから、300が平方数であるはずがないのです。

どうしても平方数にしたいのなら、もう1枚の [3] が必要です。300に3をかけ算すれば、平方数の900(30の平方)になります。

また、300を3で割るという方法もあります。こうすれば、1枚(奇数枚)しかない3を取り除くことができるので、平方数(この場合は100、10の平方)になります。

第 1 章 数と式

自然数を「篩」にかけると……?
エラトステネスの篩

▶地球の大きさを測った男

　エラトステネス(紀元前 276 年ごろ〜同 196 年ごろ)は、古代ギリシアの地理学者、数学者です。彼がやった仕事で有名なのは、やはり、地球の大きさを計算したことでしょう。

　彼はエジプトのアレクサンドリアとシエネ(現在のアスワンのあたり)の間の緯線の角度を 7 度 12 分、距離を 5000 スタディア(スタディアは、当時の長さの単位)とし、そこから地球一周を 25 万スタディアと算出しました。これは、約 45000 km ということになります。

　実際の地球の一周は約 40000 km ですから、その差は 5000 km。誤差は約 13 % です。当時としては、驚くべき精度で測量・計算したということになります。

▶自然数を篩にかける!?

　「篩」という道具は、曲物枠の底に、格子状の網を張ったものです。穀物の粉の固まりなどをなくしたり、砂と石をより分けたりするときに使います。エラトステネスは、使うか見るかしたのでしょう。

では、エラトステネスが考案した篩を使って、素数をより分けてみましょう。自然数を小さい順に並べ、素数の倍数を次々に消去して、素数を残していくというものです。

例として、100までの自然数の中から素数を見つけだします。

> **100までの素数の見つけ方**
> ① 1は素数ではない。1を消す
> ② 2は素数。2に「○」をつけ、2以外の2の倍数を消す
> ③ 3は素数。3に「○」をつけ、3以外の3の倍数を消す
> ④ 5, 7についても同様にする
> ⑤ これでフィニッシュ。消されずに残っている数に「○」をつける。○がついている数が素数

素数でない数を実際に「／」で消して、残った素数に「○」をつけましょう（結果は次ページ）。

```
 1   2   3   4   5   6   7   8   9  10
11  12  13  14  15  16  17  18  19  20
21  22  23  24  25  26  27  28  29  30
31  32  33  34  35  36  37  38  39  40
41  42  43  44  45  46  47  48  49  50
51  52  53  54  55  56  57  58  59  60
61  62  63  64  65  66  67  68  69  70
71  72  73  74  75  76  77  78  79  80
81  82  83  84  85  86  87  88  89  90
91  92  93  94  95  96  97  98  99 100
```

▶倍数のチェックについて

100までの素数は見つけられましたね。でも、どうして倍数のチェックを7で止めたのでしょう？　7の次の素数である11の倍数のチェックは必要ないのでしょうか？

11の倍数である22は、2の倍数としてすでに消されています。33も、3の倍数としてすでに消されています。44, 55, 66, 77, 88, 99も同様です。したがって、11の倍数のチェックは不要です。

一般的に、**nの倍数までチェックすることで、1からn^2までの素数を見つけることができます。**100までの素数を見つけるなら、10の倍数までチェックが必要ということになります。

今回の問題では、7の倍数までのチェックで十分です。8の倍数、9の倍数、10の倍数については、7の倍数のチェックまでに消されているからです。

ところが、与えられた問題が、「1から121までの整数の中で素数を見つけなさい」というものなら、11の倍数までチェックする必要があります。そうしないと、合成数である121（＝11×11）がチェックからもれてしまいます。

p. 74の結果

~~1~~	②	③	~~4~~	⑤	~~6~~	⑦	~~8~~	~~9~~	~~10~~
⑪	~~12~~	⑬	~~14~~	~~15~~	~~16~~	⑰	~~18~~	⑲	~~20~~
~~21~~	~~22~~	㉓	~~24~~	~~25~~	~~26~~	~~27~~	~~28~~	㉙	~~30~~
㉛	~~32~~	~~33~~	~~34~~	~~35~~	~~36~~	㊲	~~38~~	~~39~~	~~40~~
㊶	~~42~~	㊸	~~44~~	~~45~~	~~46~~	㊼	~~48~~	~~49~~	~~50~~
~~51~~	~~52~~	(53)	~~54~~	~~55~~	~~56~~	~~57~~	~~58~~	(59)	~~60~~
(61)	~~62~~	~~63~~	~~64~~	~~65~~	~~66~~	(67)	~~68~~	~~69~~	~~70~~
(71)	~~72~~	(73)	~~74~~	~~75~~	~~76~~	~~77~~	~~78~~	(79)	~~80~~
~~81~~	~~82~~	(83)	~~84~~	~~85~~	~~86~~	~~87~~	~~88~~	(89)	~~90~~
~~91~~	~~92~~	~~93~~	~~94~~	~~95~~	~~96~~	(97)	~~98~~	~~99~~	~~100~~

※100までの素数は25個あります

困ったときは「2回方式」「4回方式」さ!
式の展開

▶基本は、「かっこを外す」!

また、漢字の話です。

「展開」の「展」という漢字には、「のばす、ひらく、ひろげる」といった意味があります。「展開図」といえば、立体に切れ目を入れて平面にしたときの図面です。

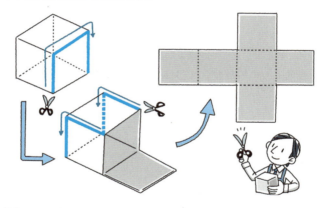

「式の展開」の場合も、それに近い感覚です。

単項式と多項式、または多項式と多項式の積の形でかかれた式を、単項式の和の形に表すことが「式の展開」です。おおざっぱにいえば、かっこにくるまれている多項式を、かっこを外して、単項式の和の形にするのです。もっと俗っぽくいえば、かっこを外してバラバラにするのです。

私が勝手につくった言葉ですが、次ページの「2回方式」と「4回方式」さえできれば、展開なんてなんとかなります（時間はかかるかもしれませんが……）。

第1章　数と式

> 2回方式　　$a(b+c) = ab + ac$
>
> 4回方式　　$(a+b)(c+d) = ac + ad + bc + bd$

ただし、「手際よくやりたい」となれば、やはり乗法公式を使うのが便利です。公式を忘れた場合には、「2回方式」「4回方式」に戻ってきてください。

▶公式を忘れたら……

式の展開について典型的な例をまとめたものは、「乗法公式」と呼ばれます。中学の段階では、次の4つが登場します。あとから習う因数分解のためにも、乗法公式は重要です。

> **乗法公式**
> ① $(x+a)(x+b) = x^2 + (a+b)x + ab$
> ② $(x+a)^2 = x^2 + 2ax + a^2$ …… 和の平方
> ③ $(x-a)^2 = x^2 - 2ax + a^2$ …… 差の平方
> ④ $(x+a)(x-a) = x^2 - a^2$ …… 和と差の積

「公式を忘れたのでできませんでした」
という声をよく聞きます。公式を丸暗記しているだけなのかもしれません。乗法公式はとても重要ですが、それを忘れたから展開ができないというのでは本末転倒です。公式は便利のためにあるものです。

　草がぼうぼうに生えているところでも、同じルートを何度も何

度も歩いていれば、やがて地面が踏み固められて、「道」ができます。それが、数学でいう「公式」に近い感覚ではないでしょうか。

この公式がどのように導かれたのかを理解していれば、公式を忘れたって平気です。とことん忘れてしまったら、先ほど紹介した「4回方式」でかっこを外すだけです。必要なら、そのあと同類項をまとめてください。確かにスマートではありません。手間もかかります。でも、答えにはかならずたどり着けます。また、下記のような図をかくことでも公式を導けます。

図でわかる乗法公式

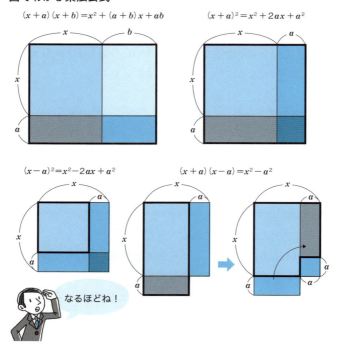

第1章 数と式

▶乗法公式は1つでいい

4つの公式を紹介しました。しかし、覚えるのは少ないほうが楽です。本当は、①式だけで十分なはずです。

①式の b を a に変えれば②式ができます。また、①式の b を $-a$ に変えれば④式ができます。

さらに②式の a を $-a$ に変えれば、③式ができます。

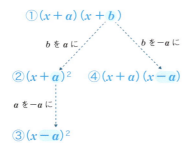

①の公式も忘れたら、p.77の4回方式に戻ろう!

特に②式と③式は形が非常に似ているので、覚えやすいですね。だから、次のようにまとめて表すことがよくあります。

> **乗法公式**
> ②&③　$(x \pm a)^2 = x^2 \pm 2ax + a^2$（複号同順）

「複号同順」という言葉がでてきました。「＋」と「－」の2つの符号を1つにまとめた「±」を「複号」と呼んでいます。左辺の「±」で、上部の「＋」を選んだときは、右辺でも上部の「＋」に対応させる——これを「同順」といっています。

なぜか「因式分解」と呼ばないのです
因数分解

▶組み立てるのに「分解」?

式の展開と因数分解は、いわば裏表の関係にあります。

式の展開のところで、式の展開とは、「かっこを外してバラバラにする」ことだと述べました。私が口にだして言わなくても、生徒たちはそのように感じているようです。

因数分解は展開の逆の行為ですから、「バラバラになっている式を組み立てる」ことになります。

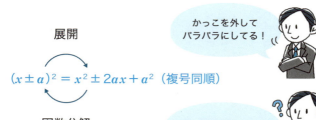

展開

$(x \pm a)^2 = x^2 \pm 2ax + a^2$ （複号同順）

因数分解

しかし、「組み立てる」作業を「分解」と呼ぶのは、どうも納得がいきません。生徒から尋ねられても、どう伝えたらいいのか困ってしまいます。

これは、整数との関係でとらえるとうまくいきます。例として12を因数の積の形で表してみましょう。

　　　12＝2×6 …… ①

このとき、「2と6は12の因数である」というのでした。このことを「因数の積の形に分解した」という感覚はわかっていただけるでしょう。似たようなことを、数式で行います。

$$x^2 + 7x + 10 = (x+2)(x+5)$$

このとき、「$x+2$ と $x+5$ は $x^2+7x+10$ の因数である」といいます。多項式を因数の積の形に分解するから「因数分解」です。残念ながら「因式分解」とはいいません。

> $x^2 + 7x + 10 = (x+2)(x+5)$ だから、
> $x+2$ と $x+5$ を $x^2+7x+10$ の「因数」という

▶多項式の素因数分解!?

先の①式は、確かに12を因数の積の形に分解しています。まちがってはいません。ただし、6はまだ分解が可能です(「既約ではない」といいます)。

$$12 = 2 \times 2 \times 3 = 2^2 \times 3 \cdots\cdots ②$$

ここまでやってしまえば、これ以上分解することはできません(「既約である」といいます)。これを「素因数分解」と呼ぶのでした。

多項式の因数分解の場合は、これ以上分解できないところまでかならず分解してください。まだ分解が可能なのに、そのまま放っておいたら、その答案はたいてい×をつけられます。だったら、「多項式の素因数分解」とでも呼べばいいのですが、なぜだかそうは呼ばれていません。

▶共通因数をくくりだす！

さて、中学段階で習う因数分解の方法は、次の2つです。

> ①共通因数をくくりだす
> ②乗法公式を逆に使う

因数分解と聞けば、すぐ②について考える中高生が多いのですが、最初にするのは①「くくりだす」という作業です。

> **共通因数をくくりだす**
> $ma + mb = m(a + b)$

上記の式の左辺の2つの項には、m という<u>共通因数</u>があります。ここに注目して、$m(a+b)$ と因数分解します。この作業を「共通因数をくくりだす」といっています。①に気がつかずに、②ばかりを考えて何時間も悩まないようにしてください。

たとえば $5x^2-10x$ を因数分解したい場合、p.77 の乗法公式ばかり思い浮かべてもらちがあきません。共通因数の $5x$ に気づけば、$5x(x-2)$ とあっさり導けます。

$5x^2-10x$ ……共通因数は $5x$
$= 5x(x-2)$

因数分解では
まず共通因数を
チェックするんだね

「平方の木の根っこ」という考え方
平方根

▶平方の木

　私は中学校で平方根を習ったとき、大変なショックを受けました。分数で表せない数がある！　いままで習ってきた数は、数のうちのほんの一部だったんだ！　みなさんは、どうでしたか？

　知らない世界がある！　数の世界の広がりを、まるで大海原に船でこぎだすときのドキドキとして感じてもらえたら、数学を教えるものにとって、これほどうれしいことはありません。

　さて、平方根といえば条件反射で、√の記号のことだと思う人がいます。しかし、**まずは√なんて記号は知らないんだという状態に戻ってください**。中途半端に知っていると、けがをしますよ。いいですか？

　では、イメージしましょう。ここに1本の木があります。この木にはめずらしい特徴があって、根っこから吸ったものを、平方して（2乗にして）花を咲かせます。たとえば、根っこから5を吸い込めば、25の花が咲くのです。わかりやすいですね。

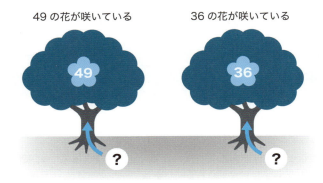

では、逆に考えてみましょう。いま、49 の花が咲いています。この木は一体どんな数を根っこから吸い込んだのでしょう?

7 ですか? 正解です。でも、7 だけですか? いえいえ、もう 1 つ、-7 がありますね。

では、もう 1 問。36 の花が咲いています。根っこから吸った数はなんでしょう?

もちろん、+6 と -6 です。2 つまとめて、±6 とかく場合もありますよ。こっちのほうが便利でスマートですね。
「±」の記号は、漢字の「土」に似ています。そこで私は、「根っこと言えば『土』だね」と言っています。

次は、少しだけ数学らしい表現にしましょう。

「2 乗して 9 になる数はなんですか?」

問題の中に、「花」や「根っこ」がなくなりましたが、大丈夫ですよね。答えは、±3 です。

▶ 平方根とは？

さあ、いよいよです。

2乗すると a になる数を、a の<u>平方根</u>（自乗根、2乗根）といいます。「平方の根っこ」という意味ですね。この平方根という用語を使うことで、ダラダラした文章から逃れられます。積極的に使いましょう。

では、100 の平方根は？　はい、± 10 ですね。

0 の平方根は？　これは 0 だけです。

じゃあ、− 16 の平方根は？

正の数も負の数も、2乗すればかならず正の数になります。つまり、負の数の平方根は、（実数の範囲では）存在しません。

ここまでをまとめておきましょう。

> 2乗すると a になる数を、a の平方根という
> ・正の数の平方根は、2つある
> ・0 の平方根は、0 だけである
> ・負の数の平方根は、（実数の範囲では）ない

これで、平方根という言葉の説明は終わりました。ほらね。説明の中で $\sqrt{}$ の記号は一度も登場していません。**平方根の説明には、$\sqrt{}$ なんて必要なかったのです。**

ちなみに、「3乗して a になる数」のことを、「a の<u>立方根</u>（3乗根）」といいます。また、一般に「n 乗して a になる数」のことを、「a の n 乗根」といいます。

平方根の話なのに $\sqrt{}$ がでてこなかったよ

手ごわい平方根は、これで表します
√（根号）

▶ いつも整数とはかぎらない！

「平方根」というくらいですから、地面（土）をイメージしてください。みなさんは、いまから「平方根」という名前の地下の世界を探検するヒーロー、ヒロインです。

この地下探検の際に、前項で使わなかった√ というアイテムを持って行ってほしいのです。これがあれば、平方根の世界をかなり楽に歩くことができます。いつ使うことになるか、楽しみにしてください。

では、先ほどの「平方の木」の話に戻ります。

25の花が咲いているとき、根っこから吸い込んだ数（平方根）は、±5でした。

では、7の平方根はなんでしょう？ 2乗して7になる正の数を見つけてみましょう。

これは、「○^{2} = 7」の○に当てはまる数を見つけることと同じ作業です。さて、○の中に入るのはなんでしょう？

7の花が咲いている

第 1 章　数と式

2 ですか？　$2^2 = 4$ ですから、7 には足りませんね。では、3 ですか？　$3^2 = 9$ ですから、今度は少しオーバーです。

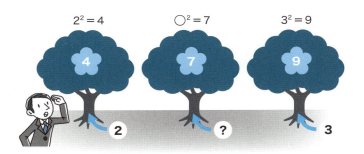

このように考えれば、○に当てはまる数が、2 と 3 の間にあることがわかります。つまり、**求めるべき 7 の平方根は小数になる**のです。

どうやら平方根の値には、整数になるときと小数になるときがあるようです。

▶ 整数で表せる平方根

平方根が整数で表せるような数を並べてみましょう。

0 の平方根 ……　0
1 の平方根 ……　±1
4 の平方根 ……　±2
9 の平方根 ……　±3
16 の平方根 …　±4
25 の平方根 …　±5

1 の 2 乗が 1、
2 の 2 乗が 4……

87

以下、36, 49, 64, 81, 100, 121, 144, 169, 196, 225, 256, 289, 324, 361, 400, ……と続きます。

　これらの特徴は、ある数の2乗になっている(平方数)ということです(考えてみれば、当然のことですね)。平方数については、20^2 くらいまでは、暗記しておくととても便利です。

▶整数で表せない平方根

　平方数以外の数の平方根は、整数で表すことができません。では、先ほどの7の平方根はいくらだったのでしょうか？　実は、こんな小数になります。

> 7の平方根 ── ± 2.64575131106459……

　これは大変ですね。どこまでも続く小数(無限小数)になってしまいました。しかも、繰り返しがありません(非循環小数)。整数で表せない平方根が登場するたびに、こんなに長〜〜い小数をかいていては、効率が非常に悪いですね。

　そこで、**7の平方根を手っ取り早く表現する方法が考えだされました。そのときに使うのが $\sqrt{}$ です。**

　だから、難しくなんかありません。簡単に表現するために、この記号は生まれました。中学生の諸君には、ここのところをぜひ理解してほしいものです。

▶根っこにある数のかき方

　7の平方根の正のほうを $\sqrt{7}$、負のほうを $-\sqrt{7}$ と表します。ですから、今後「7の平方根は？」と尋ねられたら、答え方は2通りあります。

第 1 章 数と式

その 1　7 の平方根 —— ± 2.645751311064590……
その 2　7 の平方根 —— ±√7

　その 1、その 2 のどちらを使うかは、必要に応じて変えてくださいね。
　さて、√ は「ルート」と読みます。また、この記号自体は「根号」と呼ばれます。「ルート」は英語でつづると root、「根」「根元」などという意味があります。
　昔、『ルーツ』というテレビドラマが大ヒットしましたが、あれも同じ言葉です。だから、次のように平方根をとらえましょう。
「ある数を 2 乗したら 7 になりました。では、2 乗する前のもともとの数、根っこにある数はなんでしょう？」
　これが、7 の平方根、±√7 なのです。
　この記号が初めて登場したのは 16 世紀の前半。そのころの記号には、√ の上の横棒がありませんでした。root の語源はラテン語の radix です。√ の記号は、radix の頭文字 r を変形してかいたものだと言われています。
　では、最後に、重要な確認を。
「√7 を 2 乗したら、いくつ？」

　頼みますから、「え〜と」なんて言わないでくださいよ。2 乗して 7 になる数を ±√7 と表すのです。だから、√7 を 2 乗すると 7 になります。

$$\sqrt{7} \times \sqrt{7} = 7$$

一夜一夜に人見頃、富士山麓オウム鳴く
平方根の大小

▶平方根の大小

面積が $10\,\mathrm{cm}^2$ の正方形と $15\,\mathrm{cm}^2$ の正方形があります。1辺の長さの2乗が面積ですから、それぞれの1辺の長さは、$\sqrt{10}\,\mathrm{cm}$、$\sqrt{15}\,\mathrm{cm}$ ということになります。図を見れば、$\sqrt{10}$ と $\sqrt{15}$ では、$\sqrt{15}$ のほうが大きいことが実感できます。

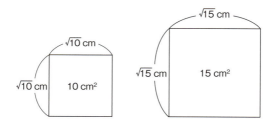

正の数 a があるとき、次のことが成り立ちます。

$$a < b \text{ ならば } \sqrt{a} < \sqrt{b}$$

▶挟み撃ちすれば、だいたいわかる！

実際の $\sqrt{15}$ の値は、電卓を使えばあっという間にわかります（8桁くらいまでですが……）。しかし電卓がなくったって、おおざっぱな値でよいのならわかりますよ。

「挟み撃ち方式」を使います。まずは、平方数（自然数を2乗してできる数）を頭の中に並べます。

第1章 数と式

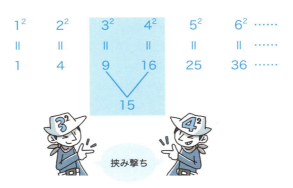

挟み撃ち

15 は、3^2 と 4^2 の間にあります。そのことから、$\sqrt{15}$ が3と4とに「挟み撃ち」にされていることがわかります。

$$3^2 < 15 < 4^2 \cdots\cdots 15 は 3^2 と 4^2 の間$$

$$3 < \sqrt{15} < 4 \cdots\cdots \sqrt{15} は3と4の間$$

したがって、$\sqrt{15}$ は3と4の間にあることがわかります。
実際の値は、次のとおりです。

$$\sqrt{15} = 3.87298334620741\cdots\cdots$$

▶語呂合わせで覚えよう

よく使う平方根の値は、暗記していると便利です。昔からの語呂合わせがありますので、次のページで紹介します。
それぞれ8桁程度の近似値です。本来、四捨五入をしなければならないところを、語呂を優先させている場合もありますので、ご注意ください。

平方根の値の語呂合わせ

$\sqrt{2} = 1.4142135623730\cdots\cdots$
　　　一夜一夜に人見頃（ひとよひとよにひとみごろ）

$\sqrt{3} = 1.73205080756887\cdots\cdots$
　　　人並みに奢れや（ひとなみにおごれや）

$\sqrt{4} = 2$

$\sqrt{5} = 2.23606797749978\cdots\cdots$
　　　富士山麓オウム鳴く（ふじさんろくおうむなく）

$\sqrt{6} = 2.44948974278317\cdots\cdots$
　　　似よよくよく（によよくよく）

$\sqrt{7} = 2.64575131106459\cdots\cdots$
　菜（7）に虫いない（なにむしいない）

$\sqrt{8} = 2.82842712474619\cdots\cdots$
　　　ニヤニヤ呼ぶな（にやにやよぶな）

$\sqrt{9} = 3$

$\sqrt{10} = 3.16227766016837\cdots\cdots$
人麻呂は三色に並ぶ（ひとまろはみいろにならぶ）

平方根のかけ算は「ババ抜き方式」で！
平方根の性質と平方根のかけ算

▶平方根の性質

「平方根の性質」とは、一般に次のことをいいます。

> a, b が正の数のとき、次のことが成り立つ
>
> $\sqrt{a} \times \sqrt{b} = \sqrt{ab}$ ……… ①
>
> $\sqrt{a} \div \sqrt{b} = \sqrt{\dfrac{a}{b}}$ ……… ②
>
> $\sqrt{a^2 \times b} = a\sqrt{b}$ ……… ③

　特に、①式と②式は、こんなにわかりやすくていいのか！　と思えるくらいわかりやすいですね。だって、具体的に数値を使っていえば、

$$\sqrt{2} \times \sqrt{3} = \sqrt{2 \times 3} = \sqrt{6}$$
$$\sqrt{10} \div \sqrt{5} = \sqrt{\dfrac{10}{5}} = \sqrt{2}$$

そのまままとめればいいんだ！

ってことですよ！　根号の中だけ計算すればそれでいいなんて、本当に楽でわかりやすいですよね。
　ところが、①式と②式があまりにもわかりやすいために、次のようなミスをやってしまいがちなのです。

$$\sqrt{6} \times \sqrt{2} = \sqrt{12}$$

▶ $\sqrt{12}$ のなにがどういけないのか？

$\sqrt{6} \times \sqrt{2} = \sqrt{12}$ のどこがいけないのでしょうか？

実は、平方根の計算では、「**根号の中は、できるだけ小さい自然数にする**」という原則があります。$\sqrt{12}$ は、まだ小さくすることができるのです。そのときに平方根の性質の③式を用います。

$$\sqrt{6} \times \sqrt{2} = \sqrt{12}$$
$$= \sqrt{2 \times 2 \times 3}$$
$$= 2\sqrt{3}$$

このとおり、$2\sqrt{3}$ とすればよかったのです。

> 根号の中は、できるだけ小さい自然数にする

【問題】
次の計算をしなさい。
$$\sqrt{20} \times \sqrt{40}$$

この問題、まずどうしますか？ これまで、次のようにやっていた人は要注意です。

$$\sqrt{20} \times \sqrt{40} = \sqrt{800}$$

第1章 数と式

これは「ミス」というよりは、野球でいう「フィルダースチョイス(野手選択)」に近いでしょうか。つまり、もっとよい方法があるのに、それをしなかったために、回り道をしてしまった(あるいは、正解に至らなかった)ということです。

▶ ババ抜き方式

$\sqrt{20} \times \sqrt{40}$ の説明をする前に、再度お聞きします。
「$\sqrt{7}$ を2乗したら、いくつ?」
まだ、「え〜と」なんて言ってますか? $\sqrt{7} \times \sqrt{7} = 7$ ということでしたね。ほかにも……、

$$\sqrt{3} \times \sqrt{3} = 3$$
$$\sqrt{5} \times \sqrt{5} = 5$$

この計算は、なにかに似てる! **トランプのババ抜きです!**

根号 $\sqrt{}$ は、あなたの手と考えてください。あなたの手の中に数字がかかれたトランプがあります。**同じ数字が2枚そろったら、1つにそろえて場にだせるのです。**

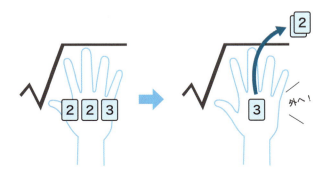

ね、まったくのババ抜きでしょ。この「ババ抜き方式」を生徒たちに教えると、おもしろいように平方根の計算が速くなります。実は、平方根の性質の③式は、このババ抜き方式そのものなのです。

▶難しい計算はやらない！

　この「ババ抜き方式」を、先の $\sqrt{20} \times \sqrt{40}$ に利用します。コツは、「計算しないで、頭を使う！」ってことです。
「40」というトランプは、「20×2」という2枚のトランプに分解することができます。

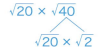

　ほら、これで「ババ抜き方式」が使えます。
「20」というカードが2枚そろいましたから、根号の外にだせます。根号の中には「2」だけが残ります。したがって、$20\sqrt{2}$ です。
　いきなりかけ算をして、$\sqrt{800}$ なんてことをやっていると、あとが大変です。数を分解して、どうにかして同じカードにならないか——そんなふうにババ抜き方式を楽しんでください。

7分の1を小数で言えますか?
循環小数

▶有限小数

小数の話をしましょう。

小数は大きく2つに分類することができます。小数部分がどこまでも続く小数（無限小数）と、終わりのある小数（有限小数）です。

$$
小数 \begin{cases} 有限小数 \\ 無限小数 \end{cases}
$$

たとえば、4.26 は小数部分が 0.26 で終わっていますから、有限小数です。

有限小数は、分数で表すことができます。分数の形にするのは、それほど難しいことではありません。

▶無限小数

続いて、無限小数です。

1÷3 を計算すると、その結果は 0.33333333…… のように、3 がどこまでも続きます。これが「無限小数」です。小数部分がかぎりなく続くので、きりがありません。仕方なく「……」でごまかすことになります。

無限小数は、2つに分類することができます。同じ数の繰り返しがある「循環小数」と、繰り返しのない「非循環小数」です。

```
小数 ─┬─ 有限小数
      └─ 無限小数 ─┬─ 循環小数
                    └─ 非循環小数
```

▶循環小数

具体例をいくつか紹介することで、循環小数をイメージしてもらいましょう。

0.22222222……
0.14141414……
3.257257257……
0.142857142857142857……

第 1 章　数と式

それぞれ「2」「14」「257」「142857」が繰り返されていますね。このような小数が循環小数です。繰り返されている部分を「**循環節**」、その桁数を「**周期**」と呼んでいます。

どこまでも続く小数をかくのは大変ですので、便利な記号があります。前ページの4つの小数は、それぞれ下記のように表します。循環節の始まりと終わりの数の上に「・（ドット）」をつけておくのです。

$$0.\dot{2} \quad 0.\dot{1}\dot{4} \quad 3.\dot{2}5\dot{7} \quad 0.\dot{1}4285\dot{7}$$

ドットは1つか、2つだね

▶循環小数を分数で

循環小数は、分数で表すことができます。例として、$0.\dot{1}\dot{4}$ を分数で表してみましょう。

$x = 0.\dot{1}\dot{4}$ とすると、　　$x = 0.14141414\cdots$ ── ①
両辺を100倍して、　$100x = 14.14141414\cdots$ ── ②
②−①を求めると、　$99x = 14$
したがって、　　　　　　$x = \dfrac{14}{99}$

なかなかうまいですね。

②式から①式を引くことで、無限に循環する部分をズバッと消去できました。これで、$0.\dot{1}\dot{4}$ が $\dfrac{14}{99}$ であることがわかりましたね。紹介したほかの循環小数も分数で表しておきましょう。

$$0.\dot{2} = \dfrac{2}{9} \quad 3.\dot{2}5\dot{7} = \dfrac{3254}{999} \quad 0.\dot{1}4285\dot{7} = \dfrac{1}{7}$$

▶ 7分の1の覚え方

よく登場する分数については、小数の値を暗記しておくと便利です。

$\frac{1}{2}$ や $\frac{1}{3}$ はここで紹介するまでもないと思いますが、$\frac{1}{4}$ や $\frac{1}{8}$ については覚えておくと、とても重宝しますよ。

覚えておきたい分数

$\frac{1}{2} = 0.5$

$\frac{1}{3} = 0.33333333……$

$\frac{1}{4} = 0.25$

$\frac{1}{5} = 0.2$

$\frac{1}{6} = 0.16666666……$

$\frac{1}{7} = 0.142857142857142857……$

$\frac{1}{8} = 0.125$

$\frac{1}{9} = 0.11111111……$

$\frac{1}{10} = 0.1$

ふだん、数の見当をつけたり、お金の計算をしたりするときに活用できそう……

第 1 章　数と式

このリストの中では、どう考えても $\frac{1}{7}$ の循環節「142857」が暗記しづらいですね。そこで、その暗記の仕方をこっそりお伝えしましょう。ただし、これはたんなる暗記法なので、なぜそうなるのだといわれても困ってしまいます。

$\frac{1}{7}$ を小数で表すと……

(1) 7 を 2 倍して「14」

(2) さらに 2 倍して「28」

(3) さらに 2 倍して、1 を加えて「57」

　※この「1」は当然、$\frac{1}{7}$ の分子の「1」と覚えよう！

(4) これを循環させると、

　　　0.142857 142857 142857 ……

　が得られる

ちなみに、整数を 7 で割って割り切れない場合には、かならず「142857」の並びがやってきます。試してみてください。

```
1÷7=0.1428571428571428……
2÷7=0.2857142857142857……
3÷7=0.4285714285714285……
4÷7=0.5714285714285714……
5÷7=0.7142857142857142……
6÷7=0.8571428571428571……
7÷7=1
```

142857 は続くよ
どこまでも……

101

世の中には、分数で表せない数がある
有理数と無理数

▶無理数の登場！

循環小数は、分数で表すことができました。

ところが、非循環小数は、どんなにがんばっても分数で表すことができません。繰り返し部分（循環節）がないので、分数にできないのです。中学生なら、ここが驚く場面ですよ。

小数は分数で表すことができるし、分数は小数で表すことができる——ぼんやりとそんなふうに思ってきた生徒が多いのですが、実際は違うのですね。

分数にできない数がある……

```
循環小数  ➡ 分数にできる
非循環小数 ➡ 分数にできない
```

分数で表せない数、これを「無理数」といいます。逆に、分数で表すことができる数を「有理数」といいます。中学生段階の「数」は、有理数と無理数に大きく分類できます。

```
数 ── 有理数（整数、分数、有限小数、循環小数）
   └─ 無理数（非循環小数）
```

有理数は"rational number"を日本語にしたものです。"ratio"には、ラテン語で「道理」「理性」という意味とともに、「比」という意味があります。「比の形で表すことができる数」くらいの意味ですね。

第1章　数と式

▶小学校でも登場していた無理数

$\sqrt{2}$ や $\sqrt{5}$ は、無理数です。繰り返し部分のない無限小数になります。

実は、小学校でもたった1つだけ無理数を学習しています。円周率 π です。みなさんは何桁目までいえますか？

また、高校で学習する自然対数の底 e も無理数です。

> $\pi = 3.1415926535\ 8979323846\ 2643383279\ 5028841971$……
> $e = 2.7182818284\ 5904523536\ 0287471352\ 6624977572$……

ただし、$\sqrt{2}$、$\sqrt{5}$ と π、e とは、性格が異なる無理数です。$\sqrt{2}$、$\sqrt{5}$ は2乗すれば整数になります。ところが、π や e は何乗しても、何乗かしたものを足したり引いたりしても整数にはなりません。

$\pi+e$、$e\pi$、π の π 乗、e の π 乗、e の e 乗などは、有理数なのか無理数なのかも、まだわかっていません。

▶背理法を使った証明

では、$\sqrt{2}$ や $\sqrt{5}$ は無理数、つまり、分数で表せない数だとなぜ言い切れるのでしょう? それは、「背理法」と呼ばれる方法で証明できます。

> **$\sqrt{2}$ が無理数であることの証明**
>
> $\sqrt{2}$ が既約分数 $\dfrac{a}{b}$ で表されるとする。
>
> ※約分できない分数を「既約分数」という
>
> $\sqrt{2} = \dfrac{a}{b}$ の両辺を 2 乗すると、
>
> $2 = \dfrac{a^2}{b^2}$ ……①
>
> $\dfrac{a}{b}$ は約分できないので、$\dfrac{a^2}{b^2}$、つまり $\dfrac{a \times a}{b \times b}$ も約分できない。したがって、$\dfrac{a^2}{b^2}$ は整数ではない。
>
> ①式は「整数 2 が、整数でない $\dfrac{a^2}{b^2}$ に等しい」ことを示しており、矛盾している。
>
> したがって、$\sqrt{2}$ は既約分数で表すことができない。

▶平方根の近似値

上の証明のように、$\sqrt{2}$ は無理数(繰り返しのない無限小数)です。その値は、だいたいこんな感じです。

$$\sqrt{2} = 1.4142135623\ 7309504880\ 1688724209\cdots\cdots$$

とはいえ実際に、こんなに長い小数を使って計算するとなると大変です。したがって、計算の目的に合わせて、近似値を使うこ

とになります。ここでは、「$\sqrt{2} \fallingdotseq 1.414$」としておきましょう。では、問題です。

【問題】
次の数を、小数で表しなさい。

(1) $2\sqrt{2}$　　(2) $\dfrac{3}{\sqrt{2}}$

(1)は簡単です。2×1.414 という計算をすればいいですね。暗算でもできそうです。結果は 2.828 になります。

(2)は 3÷1.414 をすればよいですね。でも、一度、電卓を使わずに本気でやってみてください。この計算は(1)に比べるとかなり大変ですよ。

四捨五入して、小数第3位まで求めると次のようになります。

$$\dfrac{3}{\sqrt{2}} \fallingdotseq \dfrac{3}{1.414} \fallingdotseq 2.122$$

▶分母の有理化は、エチケット

なにが難しいって、「小数で割る」というのがとても難しいのです。しかも、本来なら無限小数で割らなければならないのです。そんな計算を紙の上でするのは、ほとんど不可能に近いことですね。

無限小数で割るなんて不可能だ……

そこで、(2)のような場合は次のようにして、分母と分子に同じ $\sqrt{2}$ をかけて、あらかじめ分母を根号のない形にします。これを「**分母の有理化**」といいます。さっそくやってみましょう。

$$\frac{3}{\sqrt{2}} = \frac{3 \times \sqrt{2}}{\sqrt{2} \times \sqrt{2}} = \frac{3\sqrt{2}}{2}$$

こうすることによって、格段に計算しやすくなります。

$$\frac{3\sqrt{2}}{2} \fallingdotseq \frac{3 \times 1.414}{2} = \frac{4.242}{2} = 2.121$$

根号を含む計算では、最終的に**分母に根号が残らないように、分母の有理化を行ってください**。表記が統一できるというメリットもありますが、有理化したほうがあとの扱いが楽になる場合が多いからです。

解答用紙に $\frac{3}{\sqrt{2}}$ なんて答えをかくと、
「分母の有理化を忘れたな！ 残念！」
と、×をつけられます。

分母の有理化
　　分母に無理数を残さないようにする

第2章
方程式

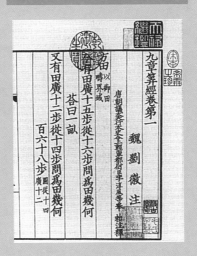

『九章算術』
 現存する中国最古の数学書。全九章で構成されていて、第八章が「方程」。これが「方程式」の由来。この数学書では、連立1次方程式が扱われている。

正しいの? まちがってるの?
方程式

▶中途半端な等式

この「方程式」の項目は、前章の「等式」の項目（p.58）に再度目を通してから読んでもらうと、よりわかりやすいかもしれません。

では、行きます。

下記のA〜Dの4つの等式のうち、正しいものはどれでしょう？　また、まちがっている等式はどれでしょう？

A：$3+2=5$
B：$4+3=8$
C：$2x+3x=5x$
D：$2x+1=9$

生徒たちからは、すぐに反応があります。

「A式は、正しい。B式はまちがっている」

——はい。そのとおりです。では、C式は？

「C式も、正しい。$2x$ と $3x$ を足すと、$5x$ になります」

——はい。そのとおり。では、D式は？

「D式はまちがってます。$2x$ と 1 を足しても、9 にはならない」

「いやいや、x の値が 4 だったら、この式は正しいよ」

「でも、x の値が 5 だったら、この式はまちがってるよ」

だいぶ核心に近づいてきました。D式は、**正しいときもあり、まちがっているときもある**という、「**中途半端な等式**」なのです。生徒たちは、「へぇ、そんな式があるんだ」と不思議な顔をします。

第2章　方程式

このような「中途半端な等式」は、実は小学校でも登場しているのですが、本格的に学ぶのは中学1年生からです。

▶ 方程式ってなに？

D式のようなタイプが方程式なのです。

D式は、「中途半端な等式」です。$x=4$ のときにだけ成り立ちます。それ以外の値では、成り立ちません。数学では、ある特別な値を文字に代入したときだけ成立する等式を「方程式」と呼んでいます。

> **方程式**
> 　x の値によって、
> 　成り立ったり、成り立たなかったりする等式を
> 　x についての方程式という

中国古代の代表的数学書に『九章算術』があります（p.107参照）。この本はその名のとおり9つの章に分かれていて、その中の1つが「方程」という章です。「方程式」の由来はここにあります。

C式は方程式ではありません。**C式は x にどんな値を代入しても成り立つ**からです。いつもかならず成り立つのです。このような等式は、「恒等式（こうとうしき）」と呼ばれています。「恒（つね）に等しい式」ということですね。

▶ 勝利の方程式？

繰り返しますが、x の値によって、等式が成り立ったり、成り立たなかったり、それが「（x についての）方程式」です。

等式を成立させる特別な値を、「方程式の解」といいます。また、

解を見つけることを「方程式を解く」といいます。

　方程式には、**値のわからないものを文字で表して、とりあえず等式をつくってしまえる**というメリットがあります。いわゆる「鶴亀算」なども、方程式を使えばわりと楽に解けます。
「方程式さえ立てられれば、あとは解くだけ！」
　そういうところからなんでしょう。野球の世界で「勝利の方程式」なる言葉があります。ある程度、試合が組み立てられたら、あとはリリーフのピッチャーをだすなり、抑えのピッチャーをだすなりして、勝つというゴールまでのシナリオを描える——という意味ですね。

方程式が立ったら、あとは解くだけ！

　私の友人に、スゴイやつがいました。「勝利の方程式」という言葉を聞くと、その友人を思いだします。
　彼は、問題を読んで方程式を立てます。そこまではほかの人と同じです。でも彼は、方程式を立てるだけでやめちゃうのです。彼は解を求めることなく、さっさと次の問題に移っていきます。
「だって、方程式さえ立てられたら、あとはできるもん！」
と、自信ありの言葉でした。方程式をつくったあとの処理にはよほどの自信があるのでしょう。かっこいいなぁ。

第 2 章　方程式

 え？　方程式は勘で解くの!?
方程式の解

▶ 方程式は計算で解く!?

方程式と聞くと、「ああ、移項とか使って解くやつだね」という印象がありませんか？　印象としてはそれでよいのでしょうが、中には「方程式は計算でしか解けないんだ！」と思い込んでいる人もいます。

方程式を解く方法は、さまざまです。ある人は、勘を頼りに解を見つけるかもしれません。表やグラフを使って解を求める人もいます。だいたいの値でよいのなら、かなり有効な方法です。もちろん、計算をして解に迫る人もいます。

方程式を解くには、さまざまなアプローチの仕方があるのです。場面に応じて使い分けることが求められます。

▶ 方程式を解くのは「勘、表、計算」

「方程式を解く方法は大きく3つ。勘、表（グラフ）、計算だ！」

私は、生徒たちの耳にタコができるくらいに「勘、表、計算」、「勘、表、計算」と言います。

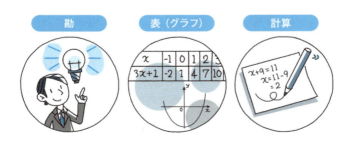

ぱっと見てわかるくらいの方程式なら、即答すればいいのです。わざわざ計算する必要はありません。

$$x + 9 = 11$$

　この方程式、「xに9を足して、11になる」のです。どう考えたって、この解は $x = 2$ です。
　なのに計算に頼りすぎる人は、＋9を移項して、そのときに正負の符号をまちがえて、$x = 20$ とやってしまいます。しかも、そのまちがいに気がつきません。

▶こんな「魚」なら、「素手」で大丈夫！

　私は解を求めることを、魚を捕まえることにたとえることがあります。「$x + 9 = 11$」くらいのやさしい方程式なら、**目的の魚（解）は浅いところをゆっくりと泳いでいます。特別な道具なんて使わなくても、「素手」で大丈夫ですよね。**

簡単に捕まえられる解（魚）は素手で！

　方程式はたんなる計算より自信が持てる――という生徒がいます。自分で解の確かめができるからだそうです。
　求めた解に自信がないなら、解を最初の式の文字に代入してみましょう。うまく成り立てば、それで合っていたということです。本当、安心できますよね。

第2章　方程式

まどろっこしい中に、大切なことがある
方程式を勘や表で解く

▶ **方程式は勘で解く！**

すべての項を左辺に移して簡単にしたとき、左辺が x の1次式になる方程式を、x についての<u>1次方程式</u>といいます。簡単に言えば、「$ax+b=0$」の形に整理される方程式です。

まずは、下の1次方程式を見てください。x にどんな値を代入すれば、この式は成り立つでしょうか？

$3x+1=10$

「素手（勘）」でやってみますね。$x=20$ を試してみましょう。左辺の x に20を代入して計算し、その結果が10になれば「当たり」です。

$3x+1$
$= 3×20+1$
$= 61$

これは……

61になりました。残念、「はずれ」です。しかし、x に20を代入する気になるなんて、勘が悪すぎます。

みなさんは「$3x+1=10$」を見ただけで、その解がわかりますか？　$x=3$ ですか？　やってみましょう。

$$3 \times 3 + 1 = 10$$

やりました！　当たりです。簡単な方程式なら、勘で解いてみる練習を積みましょう。「当たり」ではなくても、それに近い値くらいならだせるようになります。

▶方程式は、表で解く！

同じ問題「$3x + 1 = 10$」を、今度は「道具」を使って解きます。**網（表）を使って、魚（解）を捕まえましょう。**

解は、$x = 3$ でしたね。もうわかっています。わかっていても、かまいません。まずは、下のような「網（表）」を準備します。

x	−1	0	1	2	3	4	5	6
$3x+1$								

左から始めましょう。$x = -1$ を $3x + 1$ に代入して計算します。

$$3 \times (-1) + 1 = -2$$

−2 になりました。「はずれ」ですね。でも、表には「−2」と記入しましょう。続いて $x = 0, x = 1, x = 2, \ldots$ を代入して計算し、表を完成させてください。以下のようになるはずです。

x	−1	0	1	2	3	4	5	6
$3x+1$	−2	1	4	7	10	13	16	19

↑
当たり

第 2 章　方程式

$3x+1$ の式の値が 10 になっているのが「当たり」なので、$x=3$ が解だとわかります。

▶ ほかにも解はあるかもしれない!?

$x=3$ は解です。それは、まちがいありません。しかし、もしかしたら、$x=3$ 以外にも解があるかもしれませんよ。「**数学**」は、**慎重**なのです。調べてみましょう。

再度、先ほどの表を見ます。$3x+1$ の式の値が 10 になっているのは、$x=3$ の場合だけですね。この表を見るかぎりでは、解は 1 つしかなさそうです。

でも、もう少し調べてみましょう。そこから表を右に見てみます。10, 13, 16, 19, ……。値がどんどん大きくなっていくのがわかります。この先、表を続けていっても、10 が登場することは期待できませんね。

数学は、慎重なんだね

今度は逆に表を左に見ていきましょう。10, 7, 4, 1, −2, ……。値がどんどん小さくなっていきます。こちらもこの先に 10 が登場することはありえないでしょうね。

つまり、方程式 $3x+1=10$ の解は、ただ 1 つ、$x=3$ しかないのです。厳密にはもっとくわしい検討が必要なのですが、一般に、1 次方程式の解は 1 つだけ存在します。表を使うことで、そんなことが理解できるようになります。

さあ、名探偵コナンのように叫びましょう！

> １次方程式の解は、１つ！

▶ 複雑な方程式は釣りで！

方程式を解くのは、「勘、表、計算」と述べました。

勘（素手）には勘のメリットがあります。うまくいけば、驚くほど短時間で方程式を解くことができます。しかしその勘を養うために、多くの時間が必要です。また、複雑な方程式になると、対応するのはほとんど無理です。

また、表（網）には表のメリットがあります。しかし、表をつくったり、ひとつひとつ計算したりするのは、めんどうで、時間がかかります。大がかりですよね。ましてや、解が小数や分数だったら、正確な解を求めるのはかなり難しくなります。

そこで、**方程式を短時間で着実に苦労することなく解く方法が求められます。それが計算（高性能の釣り竿を使った釣り）で解くという方法**です。だから中学・高校では、その練習に多くの時間を使っているのです。

> 方程式を解く方法は、大きく分類すると３つ
> ・勘　　・表（グラフ）　　・計算

第2章 方程式

てんびんやシーソーを思い浮かべてください
等式の性質

▶方程式は等式なんだ！

以下の3問を比べてみましょう。

【問題】
　A：次の計算をしなさい。　　　（＋14）÷（－7）
　B：次の計算をしなさい。　　　$6a×5$
　C：次の方程式を解きなさい。　$x+9=11$

問題文が違うのは、すぐにわかりますね。しかし異なるのは、問題文だけではありません。問題そのものも決定的に違います。AとBには、等号「＝」がありません。

思えば、小学1年生からそうでした。

【もんだい】
　つぎのけいさんをしましょう。　3＋4

この計算をして答えがわかったら、ノートに次のようにかくのですね。

　3＋4＝7

「3＋4を計算したら7になる」。そのことを等号「＝」を使って、「3＋4＝7」と表しているのです。

ところが、Cの問題の式「$x+9=11$」は、最初から等式なのです（A, Bは「フレーズ型の式」、Cは「センテンス型の式」と呼ばれることがあります）。

▶「等式の性質」を方程式に利用する！

計算のテクニックは、小学校でひととおり習っています。しかし、**方程式は計算テクニックだけでは解けません**。

方程式は等式です。計算テクニックはもちろん、さらにその上に「等式の性質」を利用して、方程式を解くことになります。これを使わないと方程式を計算で解くことはできないのですから、とてもとても重要な性質です。

「等式の性質」は、たった4つです。紹介しましょう。

等式の性質
A＝Bならば、次の1～4の等式が成り立つ
  1 A＋C＝B＋C
     両辺に同じ数を加えても、等式は成り立つ
  2 A－C＝B－C
     両辺から同じ数を引いても、等式は成り立つ
  3 A×C＝B×C
     両辺に同じ数をかけても、等式は成り立つ
  4 A÷C＝B÷C
     両辺を同じ数で割っても、等式は成り立つ
     ただし、C≠0

▶ シーソーを使って……

なんだか小難しくかいてありますが、いっていることは簡単です。シーソーやてんびんをイメージすると、理解しやすいでしょう。

いま、シーソーの両側に、A 君と B 君が乗っています。2 人の体重はまったく等しいので、シーソーは釣り合った状態です。

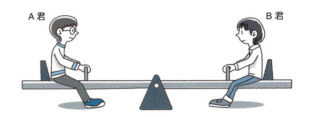

次に、2 人にまったく同じ重さのスイカを持ってもらいます。シーソーは釣り合いを保っています。当然ですよね。

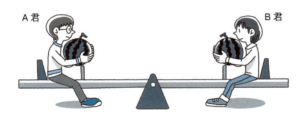

いま説明したのは、等式の性質の①でした。みなさんも当然のことだと感じられたと思います。その「当然のこと」をしっかりと意識して、方程式の計算に戦略的に利用するのです。

方程式を計算で解くということを「高性能の釣り竿を使った釣り」にたとえましたが、それには、さまざまな装備や技術が必要です。絶対に必要な装備が、この「等式の性質」です。**これさえあれば、中学校レベルの方程式ならかならず解けるのです。**

方程式を手際よく解くテクニック
移項

▶「等式の性質」は、強い味方だ！

私は絡まった糸をほどくのが大嫌いです。イライラしてしまいます。しかし、相手が方程式なら違います。勘で解くのは無理でも、表で解くのがめんどうでも、「等式の性質」という強い味方がいるからです。「等式の性質」を使えば、ひとつひとつの絡まりを確実にほどくことができます。

しかし、生徒たちに教えている実感として、彼らが「等式の性質」をうまく利用できていないように思えるのです。なんだか条件反射のように解いてはいるけれど、「等式の性質」をわかっていないような……、そんな気がするのです。

ゆっくり見ていきましょう。たとえば次の方程式です。

$$4x = 20 \quad \cdots\cdots ①$$

4とxをかけたものが20だということです。とても簡単な方程式ですから、勘（素手）でも解がわかりますね。$x = 5$です。

この2つの式を、次のように並べてみます。

始まりの形　$4x = 20$
　　　　　　　↓
最後の形　　$x = 5$

xがわかった！

「始まりの形」から「最後の形」へという流れを見てください。「方程式を解く」ということは、**最終的に「$x = ○$」の形に導くことなのだと理解**できます。ここは、重要ですよ。

▶「等式の性質」を使ってみよう!

最終的に「$x = \bigcirc$」の形に導くのだと、頭のどこかに強く刻み込んでください。そう念じながら、再度、式を見てみます。

$$4x = 20 \quad \cdots\cdots ①$$

左辺を x だけにしたいのです。「$4x$」の「4」がじゃまですね。「じゃま」なんて言うと、ちょっとかわいそうですが、方程式を解くという目的を達成するためには、消えてもらわねばなりません。

あなたには消えてもらいます!

では、どうやって消えてもらうか? 消しゴムで消すのではありません。数学ではちょっとシャレた方法で、この「4」を消します。

そうです。ここで、**「等式の性質」の登場です**。両辺を4で割れば、よさそうです。「両辺を同じ数で割っても、等式は成り立つ」を使うわけです。

$$4x = 20 \quad \cdots\cdots ①$$
$$\frac{4x}{4} = \frac{20}{4} \quad \cdots\cdots ②$$
$$x = 5 \quad \cdots\cdots ③$$

① → ② 両辺を4で割る
② → ③ 約分する

ふつうはめんどうなので、②式はあまりかきません。頭の中でやっちゃうことが多いでしょう。しかし、ここがとても大切なところなのです。

▶ どうして、両辺を4で割るの？

　①式から②式への作業について、生徒から次のような質問がよくだされます。
「どうして、両辺を4で割るの？」
　その質問には、逆にこう返します。
「じゃあ、両辺を3で割ってごらん！」
　これでたいていの場合、わかってもらえます。

ややこしくなったな

$$4x = 20 \cdots ①$$
$$\frac{4x}{3} = \frac{20}{3} \cdots ②'$$
両辺を3で割る

「そうか、なにもいいことが起こらないんだ！」
　そのとおり！　左辺を x だけにしたいのです。4を消してしまいたいのです。だから両辺を4で割るのです。

▶ あっちへ「移項」、こっちへ「移項」

　では、もう1問。やはり、最終的に「$x = \bigcirc$」の形に導くのだと、強く頭のどこかに刻み込んでください。

$$x + 9 = 11 \cdots ①$$

　今度は、「+9」に消えてもらいたい。やはり、消しゴムで消す

のではありません。数学ではちょっとシャレた方法で、この「＋9」を消します。ここでふたたび「等式の性質」の登場です。

両辺から9を引きます（「両辺に－9を加える」といってもいいですね）。

$$x + 9 = 11 \quad \cdots\cdots ①$$
$$x + 9 - 9 = 11 - 9 \quad \cdots\cdots ②$$
$$x = 11 - 9 \quad \cdots\cdots ②'$$
$$x = 2 \quad \cdots\cdots ③$$

両辺から9を引く
左辺だけを計算

きれいになったな

両辺から9を引いたのが②式です。②式の左辺だけを計算すると、②'式になります。①式と②'式を並べてみましょう。

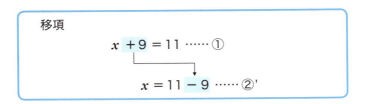

移項
$$x + 9 = 11 \quad \cdots\cdots ①$$
$$x = 11 - 9 \quad \cdots\cdots ②'$$

①式の左辺の項＋9を、符号を変えて右辺に移したら、②'式になっています。**そんなふうに考えることもできるわけです。**

等式では、片方の辺のある項を、符号を変えて、もう一方の辺へ移すことができます。これが「移項」です。必要に応じて、左辺から右辺へ、右辺から左辺へ移項してください。あっちへ「移項」、こっちへ「移項」……ですね。

分数が苦手な人に朗報です
分母をはらう方法

▶ **分数がでてきても怖くないぞ！**

次は、分数が登場する方程式を解いてみましょう。

$$\frac{2}{3}x - 4 = \frac{1}{6}x$$

分数が苦手だという人もいらっしゃるでしょう。でも、便利な方法があります。「等式の性質」を利用するのです。両辺に分母の公倍数をかけて、係数を整数に直します。上の方程式なら、両辺に6をかけるのがよいでしょう。

$$\frac{2}{3}x \times 6 - 4 \times 6 = \frac{1}{6}x \times 6 \cdots\cdots ①$$
$$4x - 24 = x \cdots\cdots\cdots ②$$
$$4x - x = 24$$
$$3x = 24$$
$$x = 8$$

> 両辺を6倍したら、分数がなくなった！

①式から②式のように変形することを、「**分母をはらう**」といいます。

▶ **「次の計算をしなさい」？**

話は変わりますが、みなさんは中学に入学したばかりの数学の時間のことを覚えていますか？ 私はまだ覚えています。小学校から中学校になって、いちばん驚いたこと。それは、教科書の言葉づかいです。

第2章　方程式

小学校	中学校
・次の計算をしましょう。 ・○○を求めましょう。	・次の計算をしなさい。 ・○○を求めなさい。

　中学校の教科書の物言いは、なんて偉そうなんでしょう。私が中学生のころは、もっと頭ごなしな言い方で、「計算せよ」「求めよ」とかかれていた記憶があるのですが……。

　しかし、ていねいに言われようが、頭ごなしに言われようが、やることに大差はありません。だから、いつのころからか、数学の問題文なんて、特に計算問題の文章なんて、最後まで読まなくなったのではありませんか。でも、**本当は読むべきです！**

　p.117 に登場した3問を、再度比べてみましょう。

【問題】
　A：次の計算をしなさい。　　　$(+14) \div (-7)$
　B：次の計算をしなさい。　　　$6a \times 5$
　C：次の方程式を解きなさい。　$x + 9 = 11$

　ほら、Cだけ問題文が違うのがわかりますね。「計算をしなさい」と「方程式を解きなさい」は、違うのです。きちんと区別してくださいね。

　当たり前のことですが、**「等式の性質」は、「等式」でしか使えません。** A, B の問題では、「等式の性質」を使うことはできないのです。

　　　　「等式の性質」は、等式でしか使えない

125

▶ たんなる「計算」と「方程式」を取り違えるな！

　計算のテクニックと等式の性質をごちゃごちゃにしてまちがえてしまう生徒を、私はこれまでたくさん見てきました。よくある例を挙げましょう。

> 【問題】
> 　次の計算をしなさい。
> $$\frac{x}{3} + \frac{x}{2}$$

　この問題を見たとたんに、6をかける生徒がどれだけ多いことか。分母の3と2をはらうために6をかければよいと考えてしまうのです。しかし、この問題は等式ではありません。6をかけるのではなく、通分するのです。

$$\frac{x}{3} + \frac{x}{2}$$
$$= \frac{2x}{6} + \frac{3x}{6} \quad \text{通分する}$$
$$= \frac{5x}{6}$$

　一度まちがいが身についてしまうと、なかなか正せないようです。これから学習する人たちは、注意して取り組んでほしいですね。

「＝」の有無で違うんだ！
しっかり区別しないとね

第2章 方程式

「それで本当にいい〜?」ということ
解の吟味

▶ 子どもの人数が 6.5 人? なにそれ?

方程式を使って文章題を解いたときには、注意してほしいことがあります。でてきた解を、そのまま問題の答えとして採用していいのかどうか考えてほしいのです。これを「解の吟味」と呼んでいます。「吟味」とは、一般的には、「物事を念入りに調べて選ぶこと」をいいます。

たとえば子どもの人数を求める問題で、解が $x = 6.5$ となったら、それをそのまま答えとするのはおかしいですね。解はあるけど、答えはない――という状態です。

解が $x = 6.5$ なら、答えは 6.5 人?

実際の場面では、6人とするとか、7人とするとか、あきらめるとか、臨機応変に対応せねばなりません。

また、何年後かを尋ねる問題で、解が $x = -3$ となったらどうでしょう?

すぐに「答えなし」と判断するのは早計です。「-3 年後」、つまり「3年前」ということを示しているのかもしれません。

実際には「3年前」ということが、理にかなっているのかどうか判断する必要があります。

▶ 兄が弟を自転車で追う！

　よく考えてみないと「変だ」と気づかない場合があります。駅に向かって歩いている弟を兄が自転車で追いかけるというおなじみの問題があります。x 分後に追いつくと方程式を立て、解が $x = 80$ になったとします。兄が 80 分後に追いつくということです。

　しかし「それで OK」ではなく、条件との関わりを吟味してください。日常生活のひとコマとして考えると、なんだかおかしいですよね。自転車で駅まで 80 分？　そんなにかかるのなら、弟は駅についていたり、電車に乗っていたりするかもしれない。

　問題の内容を方程式の形に「翻訳」することで、解きやすくなることは確かです。ただし、方程式のようなバーチャルな世界だけで考えていると、実際にはありえないような解がでてきても気がつかないことがあります。方程式を使うのなら、「**解の吟味**」は、**本当に大切な作業**です。

> **解と答えは、別のもの**
> 　方程式を解いたあとに、かならず「解の吟味」を！

　教科書や問題集は、答えがうまくでるように、はじめから仕組んであるのです。実際の場面で、解がそのまま答えとして採用できるなんてことは、非常にまれだと思います。注意しましょう。

わからない数が2つ以上もあるなんて……
連立方程式

▶解が1つに決まらないぞ！

中学1年で扱う方程式は「$x-5=8$」のような形です。未知数は1つ、（この式の場合は）xだけしかありません。このような方程式を、未知数の個数に注目して、「1元方程式」と呼びます。

また、この式の両辺はxの1次式か数になっています。このような方程式は、文字の次数に注目して、「1次方程式」と呼ばれます。未知数が1つで、次数が1次の方程式が、「1元1次方程式」です。

中学2年では、「2元1次方程式」が登場します。つまり、未知数2つを含む1次方程式です。

$$x + y = 10 \cdots\cdots ①$$

これを満たすx, yの組を(x, y)の形で表してみましょう。

$$\cdots\cdots, (-2, 12), (-1, 11), (0, 10), (1, 9),$$
$$(2, 8), (3, 7), (4, 6), (5, 5), (6, 4), \cdots\cdots$$

解の組は、1つには決まりません。整数の解ばかり並べましたが、$(3.2, 6.8)$のような小数だってよいのです。**①式を満たす解は無数に存在することになります**（なんでもよいというわけではありません）。

解の組は無数にあるんだ

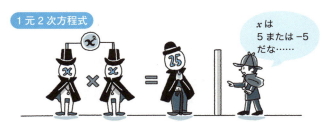

▶「2元1次方程式」が2つ！

そこで、もう1つ2元1次方程式を登場させます。

②式を満たす(x, y)の組もやはり無数に存在します。

…… (−2, 0), (−1, 1), (0, 2), (1, 3),
(2, 4), (3, 5), (4, 6), (5, 7), (6, 8), ……

では、①式と②式を組にして考えてみましょう。

$$\begin{cases} x + y = 10 \cdots\cdots ① \\ x - y = -2 \cdots\cdots ② \end{cases}$$

これが連立方程式だね

このように、2つ以上の方程式を組にしたものを「連立方程式」といいます。それらの方程式を同時に成り立たせる文字の値の組を「連立方程式の解」、解を求めることを「連立方程式を解く」といいます。

> 連立方程式……2つ以上の方程式を組にしたもの

今回の場合は「2元1次方程式」の「連立」ですから、「連立2元1次方程式」と呼ばれます。

①式と②式を同時に満たす解は……、①式の解と②式の解をよく見ればわかります。1組見つかりますね。$(x, y) = (4, 6)$です。実は、こんなに簡単に見つかることは滅多にありません。

> **連立方程式を解く**
> 2つ以上の方程式を同時に成り立たせる
> 文字の値の組を求めること

足してもダメなら引いてみな！
加減法

▶ 文字を消去する

連立2元1次方程式が1組の解を持つということは、座標平面上で2直線が1点で交わることを意味しています。「**連立方程式を解く**」ということは、この2直線の交点の座標を求めることを意味します。

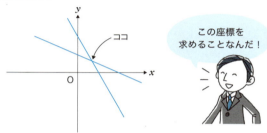

広い座標平面上に、交点はたった1つ。したがって、表も使わず、グラフもかかず、計算もしないで、勘だけを頼りに連立方程式の解を求めることは、困難を極めます。

ここでは、計算での解法を紹介しましょう。1元1次方程式の解き方はわかっているものとして、そこへ持ち込みたいと思います。そのためには、**2つある未知数を1つに減らす作業が必要です。**この作業は、「**文字を消去する**」と呼ばれます。

文字を消去する方法には、大きく2つ、加減法と代入法があります。まず、加減法について説明しましょう。

▶係数をそろえるというテクニック

加減法とは、連立方程式の文字の係数の絶対値をそろえ、加減してその文字を消去する方法です。

このようにかくと難しそうですが、実際の場面ならきっとできますよ。では、問題です。

> 【問題】
> リンゴ2個とミカン5個で800円です。
> また、リンゴ2個とミカン3個で640円です。
> リンゴ1個、ミカン1個の値段を求めなさい。

みなさんならどうしますか?

2つの場合の合計金額が示されていますが、よく読めば、どちらの場合もリンゴの個数は同じだということがわかります。したがって、両者の金額の差は、ミカン2個分の金額と等しいことがわかります。

🍎🍎 + 🍊🍊🍊🍊🍊 = 800

🍎🍎 + 🍊🍊🍊　　　 = 640

では、連立方程式を立ててみましょう。

リンゴ1個の値段をx円、ミカン1個の値段をy円とします。

$$\begin{cases} 2x + 5y = 800 &\cdots\cdots ① \\ 2x + 3y = 640 &\cdots\cdots ② \end{cases}$$

①式から②式を引きます。これで x が消去されます。

$$2x + 5y = 800 \cdots\cdots ①$$
$$-)\ 2x + 3y = 640 \cdots\cdots ②$$
$$2y = 160$$
$$y = 80$$

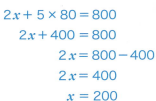

$y = 80$ を①式に代入します。

$$2x + 5 \times 80 = 800$$
$$2x + 400 = 800$$
$$2x = 800 - 400$$
$$2x = 400$$
$$x = 200$$

答え　リンゴ 200 円、ミカン 80 円

▶ 係数がそろっていないときは？

先ほどの連立方程式を、再度掲載します。

Aパターン
$$\begin{cases} 2x + 5y = 800 \cdots ① \\ 2x + 3y = 640 \cdots ② \end{cases}$$

x, y どちらかの係数の絶対値がそろっている、これがAパターン！

x の係数がそろっているので、①式から②式を引きました。これで、x が消去されます。これが「加減法」です。

しかし、いつも係数がそろっているとはかぎりません。係数がそろっている文字がない場合は、なんらかの工夫が必要です。

2つある方程式のうち、片方を何倍かすることで係数がそろうことがあります。これをBパターンとします。

下記の問題なら、①式を2倍することで、x の係数をそろえることができます。

Bパターン
$$\begin{cases} 2x + 5y = 800 \cdots ① \\ 4x + 3y = 1040 \cdots ② \end{cases} \xrightarrow{2倍} \begin{cases} 4x + 10y = 1600 \cdots ①' \\ 4x + 3y = 1040 \cdots ②' \end{cases}$$

片方の式を何倍かすることで x, y どちらかの係数の絶対値がそろう、これがBパターンだね！

▶両方の式を何倍かする！

2つある方程式の両方をそれぞれ何倍かすることで係数がそろうことがあります。これをCパターンとします。

下記の問題なら、①式を3倍、②式を2倍することで、xの係数をそろえることができます（または、①式を2倍、②式を5倍すれば、yの係数をそろえることができます）。

Cパターン

$$\begin{cases} 2x + 5y = 800 \cdots ① \\ 3x + 2y = 760 \cdots ② \end{cases} \begin{array}{l} 3倍 \Rightarrow 6x + 15y = 2400 \cdots ①' \\ 2倍 \Rightarrow 6x + 4y = 1520 \cdots ②' \end{array}$$

> 両方の式を何倍かすることで
> x, yどちらかの係数の絶対値がそろう、
> これがCパターンだ！

係数がそろってしまえば、①'式から②'式を引けば（あるいは、②'式から①'式を引けば）、xを消去することができます。

では、Cパターンの例題の続きをやってみましょう。

$$\begin{array}{r} 6x + 15y = 2400 \cdots ①' \\ -)\ 6x + 4y = 1520 \cdots ②' \\ \hline 11y = 880 \\ y = 80 \end{array}$$

$y = 80$ を②式に代入します。

$$3x + 2 \times 80 = 760$$
$$3x + 160 = 760$$
$$3x = 760 - 160$$
$$3x = 600$$
$$x = 200$$

答え　リンゴ 200 円、ミカン 80 円

▶ あとは練習だ！

　紹介した3つのパターンの例は、x を消去するものばかりでしたが、もちろん y を消去したほうが手っ取り早いということもあります。さらに、紹介した3つのパターンでは、引き算することで文字を消去しました。同様に、足し算することで、文字を消去できる場合もあります。

　問題を見て、x を消去するのか、y を消去するのか？ そのために式を何倍すればよいのか？ そして、足せばいいのか？ 引けばいいのか？ 連立方程式の解にたどり着くまでに、多段階のプロセスが必要になります。このあたりは、修行で身につけていくところです。

　お子さんが連立方程式を前にして頭を抱えていたら、どこから手をつけていいのかわからないのかもしれません。A→B→Cの流れに沿って、練習を積むということが大切だと思います。

どのパターンかチェックだ！

加減法のほうが人気が高いみたいだけど
代入法

▶ **代入して、消去する**

代入法は、一方の方程式を1つの文字について解き、それを他方の方程式に代入して文字を消去する方法です。

さっそくやってみましょう。

Aパターン
$$\begin{cases} y = x - 4 & \cdots\cdots ① \\ 3x - 7y = 8 & \cdots\cdots ② \end{cases}$$

新しいパターンだ！

「連立方程式を解く」ということは、①, ②の両方の方程式を同時に成り立たせる x, y の値の組を求めるということでした。つまり、ここのところが大事なのですが、①式の x と②式の x、①式の y と②式の y は、まったく同じものとして扱ってよいということなのです。

①式から、y と $x-4$ が等しいとわかっているので、これを②式の y に代入します。こうして文字 y を消去することができます。①式を使って、②式の y を $x-4$ に置き換える——といったほうがわかりよいかもしれませんね。

代入法

$x - 4$

$3x - 7y = 8$

①式を②式に代入する。
$$3x-7(x-4)=8$$
$$3x-7x+28=8$$
$$3x-7x=8-28$$
$$-4x=-20$$
$$x=5$$
$x=5$ を①式に代入する。
$$y=1$$

$$\begin{cases} x=5 \\ y=1 \end{cases}$$

▶式を変形してから、代入する

Bパターン
$$\begin{cases} 4x+\ y=20 &……① \\ 2x+3y=30 &……② \end{cases}$$

この場合も、代入法で解くことができます。①式の y の係数が「1」であることに注目です。①式を y について解くと以下のようになります。

$$y=20-4x\ ……①'$$

あとは、①'式を②式に代入すれば、y を消去することができますね。

▶加減法、代入法、どちらを使う?

さて、次の問題ならどうでしょう? あなたは、加減法で解きますか? それとも、代入法で解きますか?

Cパターン
$$\begin{cases} 4x + 3y = 2 \cdots\cdots ① \\ 5x + 4y = 2 \cdots\cdots ② \end{cases}$$

代入法でやってみましょう。①式をxについて解きます。

$$x = \frac{2-3y}{4}$$

分数の式になってしまいます。これを②式に代入して解くのですが、かなりやっかいですね。やめましょう。

①式をyについて解いても、やはり分数の式になります。②式についても同様です。どうやら、この問題は加減法で立ち向かったほうがよさそうですね。①式を4倍、②式を3倍すれば、スムーズです。

生徒たちの実際を見ていますと、圧倒的に加減法の人気が高いようです。はじめから「$y=\sim$」の形になっているAパターンの問題でも、わざわざ加減法に持ち込んでいます。

しかし、アプローチの方法をたくさん持っていると、いざというときに強いですよ。係数が1である場合は、代入法を使った方法でもやってみましょう。

加減法と代入法、楽なほうを選ぶんだね

第 2 章　方程式

解のない方程式だってあるんだ!
連立方程式の解とグラフ

▶ **解がたくさんある連立方程式**

　連立 2 元 1 次方程式なら、解はかならず 1 組存在すると思ったらおおまちがいです。例を示しましょう。

$$\text{A タイプ} \begin{cases} x + y = 10 & \cdots\cdots ① \\ 2x + 2y = 20 & \cdots\cdots ② \end{cases}$$

（2 つの式は結局のところまったく同じ!）

　この 2 式は、形としては連立方程式です。ところが、②式の両辺を 2 で割ると、$x + y = 10$ になります。

　2 つの式は姿は違いますが、実は同じ式なのです。この場合、解は 1 組に決まりません（不定）。**解は無数に存在します**（なんでもよいというわけではありません）。

▶ **解が存在しない連立方程式**

$$\text{B タイプ} \begin{cases} x + y = 10 & \cdots\cdots ① \\ x + y = 20 & \cdots\cdots ② \end{cases}$$

（どう見ても 2 つの式の内容が矛盾している!）

　これもしっかりと連立方程式です。しかし、①式では x と y の和が 10、②式では x と y の和が 20 となっています。矛盾しています。これでは**解が存在しません**（不能）。

▶ グラフで表すと……

　1次関数を学習すると、2元1次方程式を座標平面上に直線のグラフとして表すことができます。Aタイプの場合は、2直線が一致します(重なります)。Bタイプなら、2直線は交わりません(つまり、平行)。

　連立方程式の解が1組あるということは、2直線が1点で交わるということなのです。

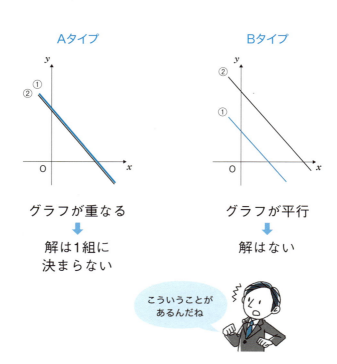

Aタイプ
グラフが重なる
↓
解は1組に決まらない

Bタイプ
グラフが平行
↓
解はない

こういうことがあるんだね

第 2 章 方程式

4000年の歴史が私たちを見ている!
2次方程式

▶ 2次方程式とは……?

すべての項を左辺に移して簡単にしたとき、左辺が x の2次式になる方程式を、x についての **2次方程式** といいます。簡単にいえば、「$ax^2 + bx + c = 0$」の形に整理される方程式です。

> **x についての2次方程式**
> $$ax^2 + bx + c = 0$$

2次方程式を成り立たせる x の値を、その「**2次方程式の解**」といいます。また、2次方程式の解を求めることを、「**2次方程式を解く**」といいます。このあたりの用語の使い方は、1次方程式の場合と、まったく変わりません。

変わらないんだね

▶ 2次方程式を表で解く

方程式を解く方法は、「勘、表(グラフ)、計算」があると p.111 で述べました。2次方程式をいきなり勘で解くには、まだ練習不足なので、まずは表を使って解いてみましょう。

> 【問題】
> 次の2次方程式を解きなさい。
> $$x^2 - x - 6 = 0$$

x	-4	-3	-2	-1	0	1	2	3	4	5	6
x^2-x-6											

　表の上の段のxの値をx^2-x-6のxに代入して、式の値を求めます。式の値が0になれば「当たり」です。
　この表の左端の$x=-4$から始めましょう。

$$(左辺) = (-4)^2 - (-4) - 6$$
$$= 16 + 4 - 6$$
$$= 14$$

14になりましたので、「はずれ」です。表の下段には「14」と記入します。
　続いて、$x=-3, x=-2, x=-1,$ ……を代入して計算し、表を完成させてください。以下のようになるはずです。

x	-4	-3	-2	-1	0	1	2	3	4	5	6
x^2-x-6	14	6	0	-4	-6	-6	-4	0	6	14	24
			↑					↑			
			当たり					当たり			

当たりが2つ！

　式の値が0になっているのが「当たり」ですから、$x=-2, x=3$が解だとわかります。

第 2 章　方程式

▶ほかにも解はあるかもしれない !?

解が 2 つ見つかりました。しかし、もしかしたら 3 つ目の解があるかもしれません。もう少し考えてみましょう。

再度、先ほどの表を見ます。$x=3$ の式の値が 0 でした。そこから表を右に見てみましょう。表では $x=6$ の式の値までしか求めていませんが、この先は次のように続きます。

0, 6, 14, 24, 36, 50, 66, 84, ……

0 から
離れていく

どんどん値が 0 から離れて、大きくなっていくのがわかります。この先、表を続けていっても、0 になることは期待できません。

今度は逆に、$x=-2$ から左側を見ていきましょう。この先は、次のように続きます。

……, 84, 66, 50, 36, 24, 14, 6, 0

0 から離れる
一方だ

左側もこの先 0 になることはありえないでしょう。

つまり、2 次方程式 $x^2-x-6=0$ の解は、$x=3, x=-2$ の 2 つだけしかないのです。厳密にはもっとくわしい検討が必要なのですが、一般に、2 次方程式の解は 2 つ存在します。

---

2 次方程式の解は 2 つ存在する

▶ メソポタミアの遺跡の粘土板

　ここまで読んでいただいたみなさんは、
「1次方程式のときと同じようなことがかいてあるぞ」
と思われたことでしょう。そう思われた方は、応用力がついている証拠です。
「もしかしたら、3次方程式では、解が3個あるのかな？」
　スゴイ、スゴイ。そうなんです。**そんなふうに予想が立てられるようになったのも、応用力がついている証拠です。**

　その勢いで今度は、2次方程式をなんとか手際よく解く方法、つまり、計算で解く方法を学習することになります。

　2次方程式の解法については、古代から取り組まれていたようです。なんと紀元前2000年ごろのメソポタミアの遺跡から出土した粘土板に、2次方程式の問題と解法が残されていたのです。

古代メソポタミア、特にバビロニアの粘土板にはさまざまな数学の足跡が残っているんだって

まずは因数分解できるかを判断！
2次方程式を解く方法

▶ A×B＝0 ということは……？

さあ、2次方程式を計算で解いてみましょう。計算で解く方法には、大きく分けて2通りの方法があります。

・因数分解を使う
・平方根を使う

まずは、因数分解を使って解く方法から紹介したいと思います。その前段階として、次の式を見てください。

A×B＝0

この式からなにがわかりますか？

AとBをかけたら0になっています。乗法の答えが0になるということは、AかBのどちらかが0だということですね。いやいやもしかしたら、両方とも0という可能性もあります。そういうことを、数学では「A＝0 または B＝0」といいます。あとで2次方程式を解くときに使いますから、よ〜く覚えておいてくださいね。

A×B＝0 からわかること
A＝0　または　B＝0

では、次の2つの方程式を見てください。

$$x^2 + 2x - 35 = 0 \quad \cdots\cdots ①$$
$$x^2 + 3x - 1 = 0 \quad \cdots\cdots ②$$

　①式の左辺は因数分解できそうですが、②式の左辺は因数分解できません。

　左辺が簡単に因数分解できるなら、そのまま進めたほうが、あとあとラクチンです。しかし、因数分解できない場合は、ほかの方法で解くしかありません。なんでもかんでも同じ方法で解くのがいいわけではないことを知っておきましょう。

▶ 2次方程式を因数分解で解いてみよう！

いよいよ、①式の左辺を因数分解します。

$$x^2 + 2x - 35 = 0$$
$$(x+7)(x-5) = 0 \quad \cdots\cdots 「A×B=0」の形になった！$$

どちらか、または両方が0！

　因数分解の結果、等式がA×B＝0の形になりました。

　この場合は、Aが$x+7$、Bが$x-5$ですね。「A×B＝0」ならば、「A＝0またはB＝0」が導かれるのでした。それを利用します。

$$x^2 + 2x - 35 = 0$$
$$(x+7)(x-5) = 0 \quad \cdots\cdots \text{「A×B＝0」の形になった！}$$
$$x+7 = 0 \quad \text{または} \quad x-5 = 0$$
$$x = -7 \quad \text{または} \quad x = 5$$

 解が求められました。$x = -7$ または $x = 5$ です。「または」を省略して、「$x = -7$, $x = 5$」とかかれることが多いです。

▶ **解と係数の関係**

 一般的に2次方程式とその解の間には、「解と係数の関係」と呼ばれる関係が成り立つことがよく知られています。

> **解と係数の関係**
> 2次方程式 $ax^2 + bx + c = 0$ の解が、
> $x = \alpha$, $x = \beta$ であるとき、次の関係が成り立つ
> $$\alpha + \beta = -\frac{b}{a} \quad \alpha\beta = \frac{c}{a}$$

これのどこがスゴイのか？

 2次方程式の解を具体的に求めなくても、2つの解の和と積が2次方程式の係数の比の値で表されるのです。これは便利です。たとえば、こんな問題。

これは役に立ちそうだ

【問題】
 2次方程式 $x^2 - bx - 12 = 0$ が $x = 2$ を解に持つとき、もう1つの解を求めなさい。

b の値がわかりません。

ふつうなら、まず、$x=2$ を方程式に代入して、b の値を求めます。次に、方程式を解いて、もう1つの解を求めます。しかし解と係数の関係を使えば、b の値なんて求める必要はありません。やってみましょう。

もう1つの解を β とします。解と係数の関係から、次の式が成り立ちます。

$$2 + \beta = -\frac{-b}{1} = b \cdots\cdots ①$$
$$2\beta = \frac{-12}{1} = -12 \cdots\cdots ②$$

②式から $\beta = -6$ とすぐにわかります。必要はないのですが、$\beta = -6$ を①式に代入すれば、$b = -4$ だとわかります。

補足：解と係数の関係が成り立つことの説明

2次方程式 $ax^2 + bx + c = 0$ の2つの解を α、β とすると、次のような式が成り立つ
$$ax^2 + bx + c = a(x-\alpha)(x-\beta)$$
両辺を a（$a \neq 0$）で割ると
$$x^2 + \frac{b}{a}x + \frac{c}{a} = (x-\alpha)(x-\beta)$$
右辺を展開すると
$$x^2 + \frac{b}{a}x + \frac{c}{a} = x^2 - (\alpha+\beta)x + \alpha\beta$$
係数を比較して
$$\alpha + \beta = -\frac{b}{a}, \quad \alpha\beta = \frac{c}{a}$$

因数分解できないなら、この方法で
2次方程式を平方根で解く方法

▶まずは基本中の基本から

続いて、2次方程式を平方根で解いてみましょう。段階を踏んで、だんだんと難しくなりますよ！

> **Aパターン**
> $x^2 = k$ の形

たとえば、「$x^2 = 5$」という方程式。これは、「2乗して5になる数はなんですか？」と聞いているのです。xにうまく当てはまるのは、$\sqrt{5}$だけではありませんよ。$-\sqrt{5}$もあります。2つまとめて$\pm\sqrt{5}$と表すこともあります。こちらのほうが便利ですね。

$x^2 = 5$
$x = \sqrt{5}, \ x = -\sqrt{5}$
（$x = \pm\sqrt{5}$ とかくこともある）

解は2つ！

平方根を利用して2次方程式を解くなら、このAパターンが「基本中の基本」です。たとえば、「$x^2 + 3 = 5$」。左辺をx^2だけにするのがポイントです。次のように変形して、解を求めます。

$x^2 + 3 = 5$
$x^2 = 5 - 3$
$x^2 = 2$
$x = \pm\sqrt{2}$

左辺がx^2だけになればこっちのもの！

▶ 自分の得意な形に持ち込むのです！

Bパターンは、Aパターンのちょっとした応用です。

> **Bパターン**
> ・$(x+p)^2 = q$ の形

単純な2次方程式なら、Aパターンに帰着しますが、ちょっと複雑になるとBパターンの形を目指します。つまり、左辺がかっこの2乗（平方）になるようにするのです。これを「平方完成」と呼びます。この形に持ち込めたら、もう勝負はついています。

「この形に持ち込む……」って、なんだか相撲みたいですね。でも、そうなんです。**方程式を変形して、解きやすい形に持ち込むのです。**そうすれば勝てます。例として、$(x+3)^2 = 5$ を解きます。

$$(x+3)^2 = 5$$
$$x+3 = \pm\sqrt{5}$$
$$x = -3 \pm \sqrt{5}$$

平方根を求める
+3を移項する

これは勝てそう

かっこの前に数がかけ算されていたら、その数で両辺を割れば、Bパターンに持ち込めます。

$$4(x+3)^2 = 5$$
$$(x+3)^2 = \frac{5}{4}$$
$$x+3 = \pm\frac{\sqrt{5}}{2}$$
$$x = -3 \pm \frac{\sqrt{5}}{2}$$

両辺を4で割る
平方根を求める
+3を移項する

▶ いよいよ最終段階です

AパターンもBパターンも、はじめから左辺が2乗の形になっていました。ところが、2次方程式の一般的な形はそうはなっていません。式を変形して、Bパターンの形に持ち込むことになります。それが、少々やっかいなのですが、やってみましょう。

> **Cパターン**
> $x^2 + bx + c = 0$ の形

例として、$x^2 + 3x - 1 = 0$ を解いてみます。

$$x^2 + 3x - 1 = 0$$
$$x^2 + 3x = 1$$ ー1を移項
$$x^2 + 3x + \frac{9}{4} = 1 + \frac{9}{4}$$ 両辺に $\left(\frac{b}{2}\right)^2$ を加える
$$\left(x + \frac{3}{2}\right)^2 = \frac{13}{4}$$ 左辺を2乗の形へ。これでBパターン
$$x + \frac{3}{2} = \pm \frac{\sqrt{13}}{2}$$ 平方根を求める
$$x = -\frac{3}{2} \pm \frac{\sqrt{13}}{2}$$ $+\frac{3}{2}$ を移項する

これはなかなか……

できました。

できましたが、かなりの計算力を必要とします。Cパターンばかりが何十問も続いたら、「やめてくれ〜」って感じですね。そこで、「解の公式」の登場です。

▶ **解の公式をつくるゾ！**

Aパターン、Bパターン、Cパターンと、平方根を利用して少しずつ複雑な2次方程式に対応してきました。次はいよいよ最終段階、$ax^2+bx+c=0$ の形の方程式です。

$ax^2+bx+c=0$ は、2次方程式の一般的な形です。x^2 の係数に a がありますから、先ほどのCパターンよりもさらに複雑になります。

そこで、どんな2次方程式でもへっちゃらになるように、2次方程式を解くための「解の公式」をつくってみたいと思います。

2次方程式の解の公式をつくる

$$ax^2+bx+c=0$$

x^2 の係数を1にするために、両辺を a で割る

$$x^2+\frac{b}{a}x+\frac{c}{a}=0$$

$+\frac{c}{a}$ を移項

$$x^2+\frac{b}{a}x=-\frac{c}{a}$$

両辺に $\left(\frac{b}{2a}\right)^2$ を加える

$$x^2+\frac{b}{a}x+\left(\frac{b}{2a}\right)^2=-\frac{c}{a}+\left(\frac{b}{2a}\right)^2$$

$$x^2+\frac{b}{a}x+\left(\frac{b}{2a}\right)^2=-\frac{c}{a}+\frac{b^2}{4a^2}$$

$$\left(x+\frac{b}{2a}\right)^2=\frac{b^2-4ac}{4a^2}$$

$$x+\frac{b}{2a}=\pm\frac{\sqrt{b^2-4ac}}{2a}$$

$$x=\frac{-b\pm\sqrt{b^2-4ac}}{2a}$$

第2章 方程式

▶ さあ、歌いましょう。♪エックスイコール……

2次方程式の解の公式をまとめておきます。

> 2次方程式 $ax^2 + bx + c = 0$ の解は、
> $$x = \frac{-b \pm \sqrt{b^2 - 4ac}}{2a}$$

「この公式を次回の授業までに覚えてきなさい」
と私は言います。覚えられなかったら、いちいち先ほどのような式変形をしなければなりません。やはり、覚えてほしいですね。

しかし、まあ、なんとも複雑怪奇な式です。

「こんな式をどうやって覚えるんだ？」

生徒たちは、困った顔をします。数学が嫌いな生徒が、大嫌いになるきっかけの1つだと思います。

そこで私は、授業中に1年に1回だけ、歌を歌うことにしています。それが、「2次方程式の解の公式の歌」です。先ほどの公式が、「アルプス一万尺」のメロディにきれいに乗るのです。本当にたった1回だけしか歌わないのに、生徒たちの耳にこびりついて離れないようです。2～3回口ずさめば、すぐに覚えてしまいます。

▶解の公式を使ってみよう!

では、さっそく実際の方程式を解いてみましょう。

【問題】
次の2次方程式を解きなさい。
① $x^2-7x+5=0$ ② $x^2-8x+12=0$

まず、①。解の公式で解いてみましょう。

最初に、一般的な2次方程式 $ax^2+bx+c=0$ と比較し、各項の係数をチェックします。$a=1, b=-7, c=5$ だとわかります。これらの値を解の公式に正しく代入し、計算するだけです。

$$x=\frac{-b\pm\sqrt{b^2-4ac}}{2a}$$

$$x=\frac{-(-7)\pm\sqrt{(-7)^2-4\times 1\times 5}}{2\times 1}$$

$$x=\frac{7\pm\sqrt{49-20}}{2}$$

$$x=\frac{7\pm\sqrt{29}}{2}$$

係数をしっかりチェックしよう!

うまくいきましたね。

続いて、②。ひっかかってはいけませんよ。この問題、左辺が $(x-2)(x-6)$ のように因数分解できます。一般的に、**因数分解できる問題を解の公式を使って解くと、苦労が待っています**。まずは、因数分解できるかどうかをチェックして、できない場合に解の公式を使うとよいでしょう。

②の方程式の解は、$x=2, x=6$ です。

第 2 章　方程式

 # ぴったりと重なって、1 つに見える
重解（重根）

▶ 2 つの解が重なる!?

　一般的に 2 次方程式の解は 2 つあると言いました。ところが、2 次方程式 $x^2-8x+16=0$ の解は、以下のようになります。

$$x^2-8x+16=0$$
$$(x-4)^2=0$$
$$x=4$$

解が 2 つじゃない!?

　ご覧のように、解が 1 つしかありません。ところが、同じ方程式を次のようにかいてみます。

$$x^2-8x+16=0$$
$$(x-4)(x-4)=0$$
$$x=4,\ x=4$$

やっぱり 2 つ？

　ほら、解は 2 つあります。ただし、その 2 つが重なっている（一致している）と考えればよいですね。2 つの解が重なるとき、その解を「重解（重根）」といいます。

2 つの解が同じ値だから「重解」！

▶重解と判別式との関係

わざわざになりますが、先ほどの2次方程式 $x^2 - 8x + 16 = 0$ を解の公式で解いてみましょう。

$$x = \frac{-b \pm \sqrt{b^2 - 4ac}}{2a}$$
$$x = \frac{-(-8) \pm \sqrt{(-8)^2 - 4 \times 1 \times 16}}{2 \times 1}$$
$$x = \frac{8 \pm \sqrt{64 - 64}}{2}$$

はい、ここでストップ！ 根号の中を見てください。64 − 64 ですから、計算すると、0 になりますよ。

実は、2次方程式の解が重解になるときは、$b^2 - 4ac$ の値が 0 になるという関係があります。ですから、$b^2 - 4ac = 0$ の場合は重解になるとわかります。そこで $b^2 - 4ac$ を「判別式（discriminant）」と呼び、D で表します。

> **判別式 $D = b^2 - 4ac$**
> 判別式の値により、解の個数がわかる
> 判別式の値が 0 の場合は、重解になる

判別式 D は、重解の判別だけに使うものではありません。

$D > 0$ の場合、解は重なりません。つまり、解は 2 つあります。

$D = 0$ のとき、解は一致します。解は 1 つです。

$D < 0$ の場合は……、根号の中の数が、0 より小さくなってしまいます。そんな数は、中学校の段階では考えられません。この場合は、「解なし」として扱われます。

第2章 方程式

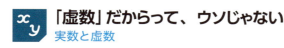
「虚数」だからって、ウソじゃない
実数と虚数

▶実数の範囲では、手に負えないこともある

数直線上の各点に対応している数のことを、「実数」といいます。実数を正確に定義しようとすると、本当はもっと複雑になります。まずは、これくらいの定義からスタートしましょう。

実数は、正の数でも負の数でも、2乗すれば正の数になります。0を2乗すれば、0になります。逆にいえば、2乗して負の数になるような数（負の数の平方根）は、数直線上には（つまり、実数の中には）存在しないのです。ありえません。

ありえないのですから、もし、そんな場面がでてきても、「できない」と放り投げてしまえばいいのです。負の数の平方根を求めよといわれても、できないのです。

▶「2乗して－1になる数」を考える！

実数の範囲では、やれないことがあります。でも、あきらめずに前に進もうとした人たちがいます。数の世界を拡張するのです。2乗して負の数になる数を考えます。それが、「虚数」です。

2乗して－1になる数をiで表します。これを「虚数単位」と呼びます。$\sqrt{-1}=i$ということです。したがって、$i^2=-1$になります。

> 2乗すると−1になる数をiと表す
> $i^2 = -1$, $i = \sqrt{-1}$

たとえば、$x^2 + 3x + 5 = 0$ の解は、次のように表されます。

$$x = \frac{-3 \pm \sqrt{11}\,i}{2}$$

虚数を用いることで、「すべての2次方程式には、解が2つある」ということができます（重解については p.157 参照）。

実数と虚数を使って表される数を「複素数」といいます。

▶ 3次方程式の解を見つけるために……!?

すべての2次方程式の解を表すために、虚数が新しく導入された——と説明されることがありますが、それは違います。

確かに、2次方程式の判別式 D が0より小さくなることがあります。しかし、もしそんなことになったら、「解なし」とすればいいのです。実際、数直線上に解は見つからないのです。負の数ですら、解として採用されない時代もあったのです。

虚数を考えるようになったのは、3次方程式の解法がきっかけ

です。長い間、解の公式が見つからなかった3次方程式ですが、ついに1500年ごろ、イタリアで公式が発見されました。

イタリアの数学者カルダノ（1501年〜1576年）の解の公式によれば、実数解を表すためには、どうしても解法の途中の段階で、虚数を考える必要がでてきたのです。虚数だからといって、これまでのように捨てるわけにはいかなくなったのです。ひるがえって、2次方程式でも複素数の解を受け入れるようになったわけです。

カルダノは1545年、著書『アルス・マグナ（偉大なる術）』で3次方程式の公式、虚数の概念を紹介した。

5次以上の方程式に解の公式がないことを証明したアーベル

ちなみに、4次方程式にも解の公式は存在します。しかし、5次以上の一般的な方程式には解の公式がないことを、ノルウェーの数学者アーベル（1802年〜1829年）が証明しています。

▶虚数は役に立っている！

このように市民権を得た虚数ですが、残念ながら虚数は数直線上に表すことができません。そこで、「複素数平面（ガウス平面）」を使って、「目に見える」ような方法が考えだされました。x軸で実数を、y軸で虚数を表します。

たとえば、$z = x + yi$ とするとき、複素数平面の座標 (x, y) でその位置を示すわけです。

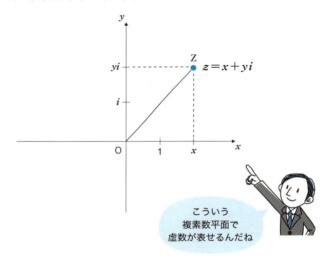

こういう複素数平面で虚数が表せるんだね

また、複素数の絶対値も定義されます。絶対値は、「原点からの距離」ということですから、複素数 $z = x + yi$ の絶対値は、図の OZ の長さということになります。

$$|z| = |x + yi|$$
$$= \sqrt{x^2 + y^2}$$

虚数なんて数学の世界だけの話だろうと思われるかもしれません。しかし、量子力学や電磁気学では、虚数を使うと驚くほどすっきりと記述できることが数多くあります。

みなさんが使っているパソコンには、半導体が使われています。半導体の動きを説明するのにも、虚数が役立っているのです。

第3章

関数

通潤橋(熊本県上益城郡山都町)

1854年(嘉永7年)に、阿蘇の外輪山、南側の五郎ヶ滝川の谷にかけられた石組みによる水路橋。通潤橋から排出される水は、きれいな放物線を描いていた。

※地震や雨などの影響で、2018年現在、工事中

東経139度44分、北緯35度40分で会いましょう
座標平面

▶ **あなたの住所はどこですか？**

私たちは、自分が住んでいる地点をどうやって他人に伝えたらいいでしょうか？　おもに2つの方法があると思います。

1つは、エリアに名前をつけていく方法です。以下のような流れで場所を限定していきます（外国では、逆の流れで表示することがあります）。

東京都 …… 大きなエリアの名前

⬇

港区 …… 中エリアの名前

⬇

六本木 …… 小エリアの名前

⬇

2-4-5 …… 丁目、番地などの数を使って場所を特定

もう1つは、経度と緯度を使って、「東経139度44分、北緯35度40分」などと表す方法です。それぞれに利点と欠点があります。

私としては、「東京都……」と言ってもらったほうがおおざっぱに「ああ、あのあたりだな」と想像しやすいですね。しかし、地点を限定するために多くの文字が必要で、コンピュータで一括処理するには大変です。そこで、郵便番号を併用することで処理スピードを上げています。

一方、経度と緯度を使った住所表示なら、いきなり地点を限

定することができます。コンピュータの処理もすばやいでしょう。ただし、おおざっぱな位置の限定には不向きです。また、実際の道路は、経線と緯線に沿って伸びているわけではありません。配達作業には不向きですね。

数学では、**平面上の位置を表すときには、後者の方法を使います**。それが「座標平面」です。

▶ 座標平面の基本事項

まずは、基本となる数直線を垂直に交わるように2本ひきます。横の数直線を「x軸（横軸）」、縦の数直線を「y軸（縦軸）」、両方を合わせて「座標軸」といいます。座標軸を使って、点の位置を表せるようにした平面を「座標平面」といいます。

座標軸をひくことで、平面を4つのエリアに分けることができます。下の図のように右上から左回りに、第1象限、第2象限、第3象限、第4象限と呼んでいます。

座標軸の交わる点は「原点」と呼ばれます。原点はふつう、アルファベットのOで示されます。原点を表す「origin」の頭文字です。ゼロだと思っていた人もいるかもしれませんね。

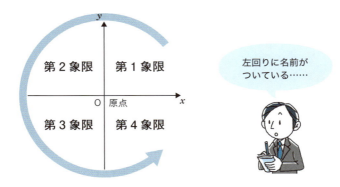

左回りに名前がついている……

中学校までの座標軸は垂直に交わるもの(<u>直交座標</u>)ばかりですが、座標軸を斜めに交わらせたもの(<u>斜交座標</u>)もあります。斜交座標のほうが、位置を表しやすい場合もあります。

　また、「**南西の方向に2kmの位置に島がある！**」という方法もあります。方向(偏角)と距離(動径)を使って位置を示すこの方法は「<u>極座標</u>」と呼ばれます。

▶点の位置の表し方

　さて、**座標軸を使うことで、平面上の点の位置を表せるようになります**。たとえば点Ｐの位置は、x軸上の目盛りが3、y軸上の目盛りが4なので、P(3, 4)と表します。これを「点Ｐの<u>座標</u>」といいます。3が点Ｐの<u>x座標</u>、4が点Ｐの<u>y座標</u>です。

　原点Ｏの座標は(0, 0)です。

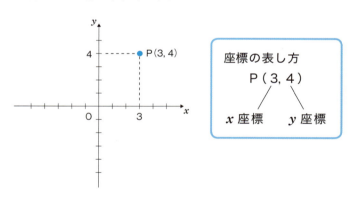

　平面上の位置を表すためには、このように2つの数を使うことになります。平面の世界を「2次元の世界」と呼ぶのは、そんなところからです。同様に空間の位置を示すには3つの数が必要になります。このため「3次元の世界」と呼ばれます。

片方が増えると、もう片方も……
比例の関係

▶片方が増えると、もう片方も増える？

みなさんは、「比例」という言葉をどのような意味で使っていますか？ 日常生活で「比例」という言葉が登場するとき、だいたい次のような意味で使われていることが多いようです。
「片方が増えると、それにつれてもう片方も増える」

比例の持つだいたいのイメージとしてはそれでいいのかもしれませんが、上記のような意味では、たんなる「増加関数」です。**数学で使う場合の「比例」は、もっと厳密です。**

この「だいたい」と「厳密」のギャップで悩んでいる中学生・高校生（本人たちは、そのギャップで悩んでいるとは思っていないかもしれませんが……）をこれまでたくさん見てきているので、まずそこからお話ししようと思います。

▶いつも同じ割合で……

水槽にちょろちょろと水を入れるという問題を考えます。

水がない状態から始めて、3分後には9cmの高さまで水が入り、6分後には水位は18cmになりました。この時点でめんどうになって、その場を離れてしまいました。

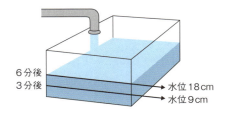

ここまでのところを表にまとめてみましょう。

時間(分)	0	3	6
水位(cm)	0	9	18

では、9分後の水位は何cmですか？ 簡単ですね。27 cmです。

なぜ、すぐに27 cmだとわかるのか？ それは、「この調子で」がこれからも続くと想定できるからです。

「この調子で」、「いつも同じ割合で」……というのが、「比例」の重要なポイントなのです。

「比例」では「いつも同じ割合で」が大事なんだね

▶比例定数を求めてみよう！

では、もう少し先まで表をつくってみましょう。

時間(分)	0	3	6	9	12	15	……
水位(cm)	0	9	18	27	36	45	……

表をつくるのは簡単ですね。では、7分後の水位は何cmですか？

上の表では、3分ごとにしか数値が表されていませんから、この表から7分後の水位をすぐに読み取ることはできません。

では、どうすればいいか……。そうですね。1分ごとの表をつくればよいのです。

3分ごとに水位が9cmずつ高くなることは、表から読み取れます。これを、「1分ごとに……」と考えてみます。

話を進めやすくするために、水を入れ始めてからの時間をx分、水位を$y$cmと表すことにします。

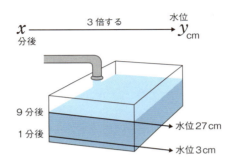

x(分)	0	1	2	3	4	5	6	7	8	9	……
y(cm)	0	3	6	9	12	15	18	21	24	27	……

xとyの関係が、「$y=3x$」で表されることがわかります。x, yの値は変化します（変数）が、「3」は変化しません（定数）。この現象が、「この調子で」、「いつも同じ割合で」ということなのです。あとで説明しますが、この割合を示しているのが「比例定数」です。

▶「比例」の性質をひと言で！

まとめましょう。

最初に「片方が増えると、それにつれてもう片方も増える」と述べました。しかし、この表現では「甘い」ということがわかっていただけたと思います。ただ「増える」だけではダメなんです。「いつも同じ割合で」というポイントが抜け落ちています。

また、「もう片方も増える」というのも甘い！　**「増える」だけが比例じゃない**からです。一定の割合で「減る」場合だってありますよね。それも、比例なのです。さらに、比例には、「$x=0$ のときは、$y=0$ である」という大原則があります。

　ポイントはわかりましたね。しかし、これらのことすべてを盛り込んで文章をつくっていると、長くなってしまいます。もっと簡単に表す方法はないのでしょうか？

　あります！

> **比例の性質**
> 　x の値が 2 倍, 3 倍, 4 倍, ……になると、
> それに対応して、
> y の値も 2 倍, 3 倍, 4 倍, ……になる

　この文章なら、押さえるべきポイントの漏れ落ちはありません。でも、もっと短くできます！

> **比例の性質**
> 　x の値が m 倍になると、
> それに対応して、y の値も m 倍になる

このフレーズなら完璧！

といえばいいですね。

▶比例の関係を表す式

　x の値が m 倍になると、それに対応して、y の値も m 倍になる――「比例」の性質について、ここまでは理解していただけたと思います。では次に、「比例」を表す式についてまとめておきましょう。

> y と x の関係が次のような式で表されるとき、
> 「y は x に比例する」という
> $$y = ax$$

たとえば、

比例にも
いろいろあるな

$y = 3x$ 　　　$y = \dfrac{1}{2}x$ 　　　$y = 0.8x$

$y = -2x$ 　　　$y = -\dfrac{4}{3}x$ 　　　$y = -2.8x$

など、これらはすべて「$y = ax$」の仲間です。つまり、y は x に比例します。このときの a を「比例定数」といいます。

逆に、「y が x に比例する」ということが先にわかっていることがあります。これを式で表すと、かならず「$y = ax$」の形になります。

> y が x に比例するとき、次の形の式で表される
> $$y = ax$$

いま、あらためて「片方が増えると、それにつれてもう片方も増える」を見て、どうですか？　甘いですよね。この表現、数学としては、ほとんど0点に思えるでしょ？

なお、「y が x に比例する」ことを以下のように表すことがあります。

知らなかった！

$y \propto x$

比例のグラフを10秒以内でかく方法
比例のグラフ

▶比例のグラフは、原点を通る直線

さあ、比例のグラフについて考えてみましょう。

比例のポイントの1つに、「いつも同じ割合で増減する」ということがあります。これは、「**グラフが直線になる**」ということなのです。グラフをかくうえで、これは本当にありがたい。

もう1つ比例のポイントに、「$x = 0$ のときは、$y = 0$」ということがあります。これは、**グラフが原点を通る**ということを示しています。

> 比例のグラフは、原点を通る直線

▶坂道の傾きぐあいをどうやって示すか？

下のような道路標識を見たことがあると思います。道路の傾きぐあい（勾配）を示しているのだろうということはわかりますが、10％とはどういうことでしょうか？

これは、水平に100 m 進めば、10 m 上がるくらいの上り坂ということを示しています。角度で表すと、約5.7度になります。

このように傾きぐあい(角度)を表すには、2つの方法があります。

> **傾きぐあいの表し方**
> その1……水平距離と垂直距離の比で示す
> その2……角の大きさで示す

比例を表す式「$y = ax$」の比例定数 a は、その1の方法で傾きぐあいを示しています。

▶比例定数 a の値が示すもの

では、「$y = 2x$」のグラフをかいてみましょう。

比例定数は、2です。この「2」が、グラフの傾きぐあいを示しています。

2をむりやり分数にして、$\frac{2}{1}$ と考えます。分母の1が水平距離、分子の2が垂直距離です。つまり、「水平に1進むと、2上がる」ことを示しています。もっとくわしく言えば、「x の値が1増加すると、y の値は2増加する」ということを表しています。

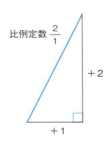

では、グラフをかいてみましょう。

原点を通ることがわかっていますから、まず原点に印。次に右に1進み、上へ2進んだところに印。その点をスタートとして、ふたたび右に1、上へ2のところに印。これを繰り返せば、印が一直線に並んでいますから、定規でスーッと結べばできあがりです。

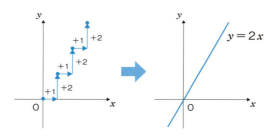

グラフが直線になるとわかっているわけですから、目印となる点は最低2つあればいいですね（ただし、慣れないうちはたくさん点を取ったほうがかきやすいですよ）。2つの点のうちの1つは原点ですから、あともう1つだけ点を取れば、直線をひくことができるはずです。

原点ともう1点を取れば、比例のグラフがかけるんだね

▶比例定数が分数でもカンタン！

では次に、「$y = \dfrac{2}{3}x$」のグラフをかいてみましょう。

比例定数は、$\dfrac{2}{3}$。これは、「x の値が3増加すると、y の値は2増加する」ということを示しています。

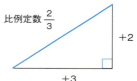

第3章 関数

> **比例定数**
> $\dfrac{2}{3}$ ……y 軸の方向に 2
> ……x 軸の方向に 3

 したがって、まず原点に印。次に右に 3 進み、上へ 2 進んだところに印。ふたたび右に 3、上へ 2 のところに印。これを繰り返して印を結べば、グラフはできあがります。

 このように**比例定数の値で、グラフが急な坂道になるか、緩やかな坂道になるかが表現できる**というわけです。

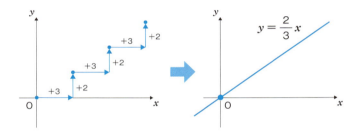

▶右上がり？ 右下がり？

 比例定数が負ならグラフはどうなるでしょうか？

 たとえば、$a = -\dfrac{1}{2}$ の場合、これは、「x の値が 2 増加すると、いつも y の値は 1 減少する（-1 増加する）」ということを表しています。グラフは次ページのようになります。

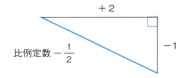

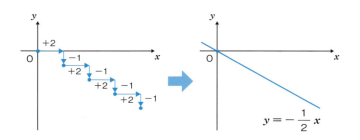

> **比例のグラフ**
>
> 比例 $y = ax$ のグラフは、次のような直線である
>
> 比例定数 a が正のとき　　　比例定数 a が負のとき
> 　右上がりの直線　　　　　　　右下がりの直線
>
>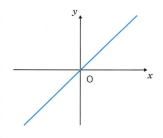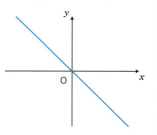

ちなみに、比例定数が0のときには、どんなグラフになるでしょう？

そのときは、$y = 0$ という式になります。x の値にかかわらず、y はいつも0ということです。グラフは、原点を通る水平な直線になります。つまり、x 軸と重なるということです。

比例定数が0だと、水平な直線になるんだね

ものには、限度ってぇもんがあるんだ
変域

▶水槽の水があふれてしまう～！

比例を表す式は、$y = ax$ でした。a の値は決まっています（定数）が、x や y はその値が変わります（変数）。

この場合、x の値が先にあり、それに対応して y の値が定まります。そこで、x は「独立変数」、y は「従属変数」と呼ばれています。

さて、ふたたび水槽に一定の割合で水を入れる問題を考えましょう。x 分後の水位を y cm とします。

x（分）	0	3	6	9	12	15	18	……
y（cm）	0	9	18	27	36	45	45	……

この表の関係を式に表すと、$y = 3x$ になります……か？

えっ？　本当にそうですか？　表をよ～く見てください。

どうやら、この水槽は水位が 45 cm を超えると、水があふれてしまうようです。15 分後には水を止めたほうがよいですね。

▶ x の変域（定義域）と y の変域（値域）

この場合、$y = 3x$ と表せるのは 15 分までですね。それを超えると、水があふれてしまいます。水浸しになってしまいますから、注意したほうがよいですね。

x の値の取る範囲は 0 以上 15 以下ということです。このことを、以下のように表します。

$$y = 3x \quad (0 \leq x \leq 15)$$

守備範囲があるってことだね！

$y = 3x$ という式が受け持つ「守備範囲」が、$0 \leq x \leq 15$ だということを表しています。守備範囲を超えてこの式が使えるかどうかは保証しないよ、ということです。

一方、y の値の取る範囲は 0 以上 45 以下です。このことを、$0 \leq y \leq 45$ と表します。

変数の取る値の範囲を、その変数の「変域」といいます。独立変数の変域（この場合、x の変域）は「定義域」、従属変数の変域（この場合、y の変域）は「値域」と呼ばれます。最近の中学の教科書では、定義域、値域という用語は登場せず、x の変域、y の変域という言葉が使われています。

$$\begin{array}{c} x \text{ の変域} \cdots\cdots \text{定義域} \\ y \text{ の変域} \cdots\cdots \text{値域} \end{array}$$

一般に変域がある関数では、独立変数の変域だけを示すのがふつうです。また、変数がすべての数である場合は、変域を示さないのがふつうです。

▶ 変域のある関数のグラフ

下は、$y = \dfrac{1}{3}x$（$-3 \leq x \leq 6$）のグラフです。

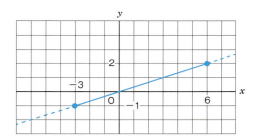

x の変域が $-3 \leq x \leq 6$ ですから、グラフもその範囲だけを実線で示しています。注意すべきは、グラフの端です。端が「●」になっているのは、その点を含んでいるという意味です。

下は、$y = \dfrac{1}{2}x^2$（$-4 < x < 6$）のグラフです。今度は、グラフの端が「○」になっています。これは、その点を含まないという意味です。

y の変域に注意してください。$0 \leq y < 18$ になります。

$8 < y < 18$ ではありません。

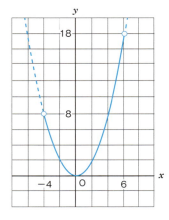

かけ合わせれば、いつも……
反比例の関係

▶比例じゃなければ反比例だ？

こう言っては失礼ですが、以下のように考える方が(多数)いらっしゃいます。

これは、かなり「大胆」な理解です。世の中の数量関係は、比例・反比例だけではなく、ほかにもたくさんあります。たとえば、こんな問題。

【問題】
　1000円札を持って買い物をします。
　品物の代金とおつりの関係は？

これは、比例ではありません。かといって、反比例でもありません。ところが、反比例だとするまちがいがとても多いのです。これはつまり、「反比例」という言葉をまちがって理解してしまっているということです。

第3章 関数

▶「反比例」を判断する方法

反比例かどうかを簡単に判断するには、次のことが成り立っているかをチェックするとよいですよ。

> 片方の値が2倍, 3倍, 4倍, ……になると、
> それに対応して、
> もう片方の値が$\frac{1}{2}$倍, $\frac{1}{3}$倍, $\frac{1}{4}$倍, ……になる

先ほどの買い物の問題、品物の代金が2倍になったら、おつりの金額が2分の1になりますか？ 代金が3倍になったら、おつりが3分の1になりますか？ なりませんよね。だから、反比例ではない。それだけです。

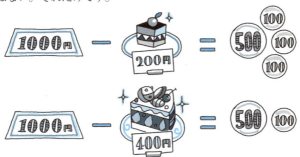

比例ではないが、反比例でもない

また、「部活動の練習量と勉強の成績は、反比例するよね」といったように、「反比例」という言葉を使う人もいます。もちろん、伝えようとする内容や気持ちはわかります。でも、ここで「反比例」という言葉を使うのは違います。そうじゃないんだ、もっと厳密なんだということです。あんまり言うと、「だから数学の先生は……」と嫌われそうですね。

▶反比例の関係を表す式

さあ、「反比例」の関係を表す式を紹介しましょう。

> xとyの関係が次のような式で表されるとき、
> 「yはxに反比例する」という
> $$y = \frac{a}{x}$$

たとえば、

$$y = \frac{3}{x} \qquad y = \frac{1}{2x} \qquad y = \frac{0.8}{x}$$

$$y = -\frac{2}{x} \qquad y = -\frac{4}{3x} \qquad y = -\frac{2.8}{x}$$

など、これらはすべて$y = \frac{a}{x}$の仲間です。つまり、yはxに反比例します。このときのaを比例定数といいます。

ただし反比例では、$x = 0$に対応するyの値はありません（くわ

しくは p.12 の「不能、不定」の項目を読んでください)。

逆に、「y は x に反比例する」と先にわかっていることがあります。これを式で表すと、かならず $y = \dfrac{a}{x}$ の形になります。

> y が x に反比例するとき、次の形の式で表される
> $$y = \dfrac{a}{x}$$

反比例の性質は、先ほど述べたとおりです。

> **反比例の性質**
> x の値が 2 倍, 3 倍, 4 倍, ……になると、それに対応して、
> y の値は $\dfrac{1}{2}$ 倍, $\dfrac{1}{3}$ 倍, $\dfrac{1}{4}$ 倍, ……になる

文字を使えば、もう少し短くなります。

> **反比例の性質**
> x の値が m 倍になると、それに対応して、
> y の値は $\dfrac{1}{m}$ 倍になる

これは、つまり、x の値と y の値の積が一定であるということです。したがって、x と y の関係を、$xy = a$ と表すこともあります。よく利用する式ですので、この形も使いこなしたいですね。

> y が x に反比例するとき、次の関係が成り立つ
> $$xy = a$$

▶ その関係は、本当に反比例？

典型的な問題を1つ。

【問題】
面積が 24 cm² となるように、長方形の縦の長さと横の長さを考えなさい。

この問題では、縦の長さと横の長さの積は常に 24 でなければなりません。したがって、縦の長さが 2 倍, 3 倍, 4 倍, …… になると、それに対応して、横の長さは $\frac{1}{2}$ 倍, $\frac{1}{3}$ 倍, $\frac{1}{4}$ 倍, …… になります。反比例の関係だとわかります。「縦の長さと横の長さの積は常に 24」、これが反比例の場合の比例定数の正体です。

反比例なら、積が一定なんだね

さて、「部活動の練習量と勉強の成績の関係は、反比例」という言い方ですが、練習量が2倍になったらテストの点数が半分になるという、そういうきちんとした関係があるわけではありませんよね。

ですから、上記のように話すよりは、以下のように言ったほうがよいと思います。

「部活動の練習量と勉強の成績には、負の相関がある」

ただし、本当に負の相関があるのかどうかは、実際に調査をしてみなければわかりません。

カーボン紙を使えば一度にかける？
双曲線

▶ 反比例のグラフ

反比例 $y = \dfrac{6}{x}$ のグラフをかいてみましょう。
そのためにまず、表を作成します。

x	……	-6	-3	-2	-1	0	1	2	3	6	……
y	……	-1	-2	-3	-6	/	6	3	2	1	……

$x=0$ に対応する y の値は存在しませんから、その意味で斜線をひいておきました。

さて、上記の表が示す座標を座標平面上に取っていくと、左下のようになります。さらに、それを結ぶと右下のグラフができあがります。

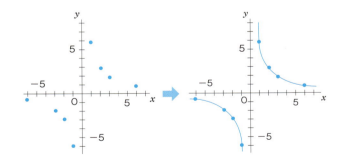

このように、2つの曲線が第1象限（x軸、y軸で区切られた4つの領域のうちの右上の領域）と第3象限（左下の領域）に現れています。反比例のグラフに現れるような1組の曲線を「双曲線」と

いいます。「双子の曲線」ということですね。

> ## 反比例のグラフは、双曲線

▶円すいに現れる双曲線

双曲線は、原点について点対称の位置にあります。また、$y=x$、$y=-x$の直線についてそれぞれ線対称になっています。したがって、カーボン紙などをうまく使えば、双曲線の半分をかいただけで、残り半分を写し取ることができそうですね。

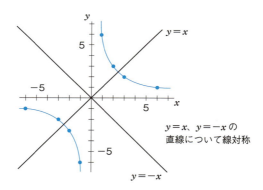

$y=x$、$y=-x$の
直線について線対称

双曲線は、円すいを切断したときに現れることがよく知られています。図のように、2つの円すいを上下に重ねます（双円すい）。上下の円すいに交わるように、かつ、頂点を通らないような平面で切断すれば、そこに双曲線が現れます（切断するときの角度によって、楕円や放物線が現れることもあります）。

C：双曲線

第3章 関数

▶本当にこんなグラフでいいの？

さて、先ほどのグラフのかき方を「こんなんでいいの？」と思った人はいませんか？

たとえば、$x=3$ と $x=6$ の間については調べていません。ですから、もしかしたら下のようなグラフになる可能性だってあるのです。

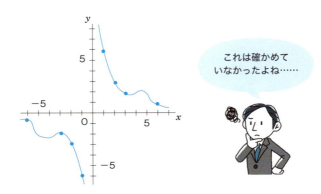

そんなことを無視して、なめらかな曲線で結んでしまいましたが、本当にそれでよいのでしょうか？　結論としては、「よい」のです。この本では扱いませんが、「微分」ということを学習すれば、そのあたりがよくわかるようになります。

▶ゆっくり、ドスン

さて、今度は、グラフの増減について見てみましょう。比較のために、$y=\dfrac{6}{x}$ のグラフ（第1象限のみ）と $y=6-x$ のグラフを並べてみました（次ページ）。

両方とも、「x の値が増えると、それにつれて y の値が減る」という関係が見てとれます。しかし、$y=\dfrac{6}{x}$ のグラフのほうは、一

様に減るのではありませんね。ドスンと減る部分と、ゆっくりと減る部分があります。それが反比例の特徴です。

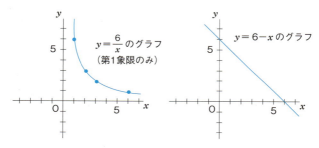

▶ 2倍, 3倍, 4倍になると……？

次は、比例定数が負の場合のグラフです。下の $y=-\dfrac{6}{x}$ のグラフを見てください。双曲線が、第2象限と第4象限に現れています。比例定数の正負の違いで、グラフの現れる場所が全然違ってくるのです。

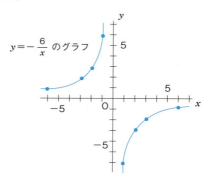

このグラフでもう1つ注目すべきところは、「x の値が増えると、それにつれて y の値が増える」ということです。

したがって、反比例の特徴として、「片方が増えると、それに

つれてもう片方が減る」というイメージを持っているとしたら、それはまちがいということになります。それは、比例定数が正の場合に限定していえることです。

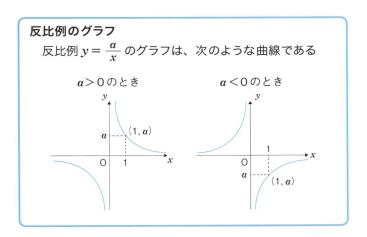

▶漸近線

反比例のグラフのもう1つの特徴は、「漸近線」があるということです。グラフがかぎりなく近づいていく直線を「漸近線」といいます。中学校ではこの言葉は学習しませんが、重要な特徴です。

反比例 $y = \dfrac{a}{x}$ のグラフでは、x 軸と y 軸が漸近線です。**グラフは、x 軸、y 軸にかぎりなく近づきますが、接したり交わったりはしません。**

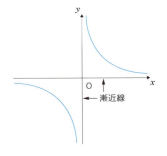

その数で比例のすべてがわかる!?
比例定数

▶ 反比例でも「比例定数」?

x と y との間に、$y = \dfrac{a}{x}$ が成り立つとき、「y は x に反比例する」と言いました。また、a は「比例定数」と呼ばれます。

「反比例なのに、どうして『比例定数』というのですか?」

よく聞かれることです。ドキッとします。

反比例なのに、どうして「比例定数」というのですか?

「y は x に反比例する」というのは、「y は $\dfrac{1}{x}$ に比例する」という言い方もできます。その意味で、反比例でも「比例定数」と呼ぶのは、許してあげてもよさそうです。

ダメですか? 納得できませんか?

では、一般的な話をしましょう。

> x と y の関係が次のような式で表されるとき、
> 「y は x の n 乗に比例する」という
> $$y = ax^n$$

一般に、xとyの間に$y = ax^n$の関係があるとき、「yはxのn乗に比例する」といい、aを「比例定数」といいます。$n = 1$のときは、$y = ax$というおなじみの式になります。たんに「比例」というときには、この関係を指します。

$n = 2$のときは、$y = ax^2$になります。これを、「yはxの2乗に比例する」といいます。

では、$n = -1$のときを考えてください。

$$y = ax^{-1}$$

これは、$y = \dfrac{a}{x}$ という式と同じ意味です（p.37参照）。したがって反比例の場合でも、aを「比例定数」と呼ぶことはなんら問題がないわけです。

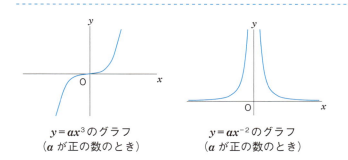

参考：$y = ax^n$のグラフ例

$y = ax^3$のグラフ
（aが正の数のとき）

$y = ax^{-2}$のグラフ
（aが正の数のとき）

▶ その比例って、どんな比例？

比例定数は、かなり重要です。そのことを示すために、原点を

通る直線のグラフをいくつか集めてみました。これ以外にも、原点を通る直線なんて、何本でもかくことができます。

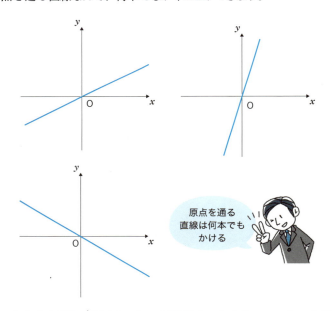

これらのグラフが示す x と y の関係は、すべて $y = ax$ という単純な形で表すことができるのです。なんだかとっても感動します。感動しませんか？

「その比例って、どんな比例？」って尋ねられたら、説明に必要なのはたった1つの数だけです。それが、比例定数です。

したがって、中・高校生諸君（大人のみなさんも）に声を大にして言いたい！ **「比例定数を制すれば、比例を制す」**というわけです。

英語では「function」っていいます
関数

▶ 関数とは……？

中学校の教科書には、関数について下のような説明がされています。しかし、関数そのものについては、深く取り扱われることはあまりありません。

> **関数**
> ともなって変わる 2 つの数量 x, y があって、
> x の値を決めると、それに対応する y の値が
> ただ 1 つ決まるとき、y は x の関数であるという

一度読んだだけで、この文章がなにをいわんとしているのかがわかった人は、すばらしい読解力だと思います。

関数とはつまりどういうことなのか、くわしく見ていきましょう。

▶ フィーリングカップル 5 対 5

1973 年から 1985 年まで放映されていた『プロポーズ大作戦』というテレビ番組の中で、「フィーリングカップル 5 対 5」という人気のコーナーがありました。簡単にいえば、大学生が学校対抗形式で行う集団お見合いのようなコーナーで、5 人の男性と 5 人の女性がそれぞれチームを組んで登場します。

双方からいくつかの質問を投げかけ、相手のチームがそれに答えます。その間、それぞれのメンバーは、自分のお相手として誰がいいかを考えます。

最終的に、男性は5人の女性の中から1人を選び、そのボタンを押す。女性も5人の男性の中から1人を選び、そのボタンを押す。両思いになれば、めでたしめでたし。司会者の巧妙な進行で、おもしろおかしくその結果が発表される——というゲームです。

▶余る人がいても「関数」

説明が長くなりましたが、この「フィーリングカップル5対5」を使って、関数を説明したいと思います。

先ほどの中学生向けの関数の定義を、もう少し一般化すると、次のようになります。

> **関数**
> 2つの集合 X, Y があって、X のどの要素 x にも、Y の要素 y がちょうど 1 つ対応しているとき、この対応を X から Y への関数という。
> y が x の関数であることを、次のように表す。
> $$y = f(x)$$

2つの集合 X, Y というのが、男性グループ、女性グループに当たります。男性グループの要素（メンバー）を、A, B, C, D, E とします。女性グループの要素（メンバー）を、F, G, H, I, J とします。

男性グループが最終的に自分の相手として、次のように選んだとします。

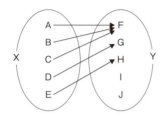

これは、立派な関数です。先の定義になにも反していません。女性グループの F ばかりが選ばれている、また、女性グループの I と J への対応がないとの反論があるかもしれません。

しかし、定義をよく読めば、それは関数の定義に違反していないことがわかります。Y の要素のある1つに複数の対応があっても、Y の要素に余りがあっても、関数にとっては重要なことではありません。

▶優柔不断なのはダメ！

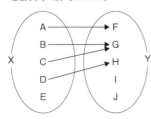

これは関数と呼んでよいでしょうか？　Eは優柔不断な性格なのでしょう、1人を決めることができませんでした。残念ながらこれは、関数とは呼べません。「Xのどの要素 x にも」に違反しているからです。

▶二股をかけてはダメ！

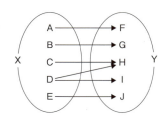

　これも、関数とは呼べません。Dがいわゆる「二股」をかけているからです。「Yの要素 y がちょうど1つ対応している」に違反します。この場合のDは、社会規範に照らしてみても「違反」と見なされることが多いので、気をつけましょうね。

▶「関数」とは、「対応の仕方」につけられた名前

　ここまでの例を読めば、「Xのどの要素 x にも、Yの要素 y がちょうど1つ対応している」という「関数」のイメージをつかめたのではないでしょうか？　**「対応の仕方」はさまざまです。その中で、ある条件を満たしているものを「関数」と呼ぶわけです。**

　しかし、さっきの「フィーリングカップル5対5」の例では、そ

もそも「数」が1つも登場していません。それでも「関数」というのか？——読者のみなさんの中には、そんな疑問があるかもしれません。

でも、定義を再度読んでください。要素とはかいてありますが、数とはかいていませんね。「関数」という考え方は、本当はもっと広〜い範囲の中で考えられているものなのです。

そのあたりも考慮して、数が登場する場合を「関数」とし、一般的な「写像」と区別することもあります。

「関数」は、以前は「函数」とかかれていました。「函」の字が教育漢字にはないので、「関」になったようです。なお「函数」は、英語の"function"の中国語における音訳です。

　　　ファンクション→カンスウ

ほら、なんとなく似てるでしょ！　ちなみに、$y = f(x)$ の f は、"function"の頭文字です。

関数を知るスタートライン！
1 次関数

▶「関数」という「数」があるわけじゃない！

2つの数量の対応の中で、ある条件を満たしているものを「関数」と呼びます。**比例も「関数の仲間」ですし、反比例も「関数の仲間」です。**

ただ、反比例の場合は、少し説明が必要です。

反比例では、$x=0$ に対応する y の値がありません。これでは「Xのどの要素 x にも」という条件に反しています。そこで、x の変域からあらかじめ $x=0$ だけを除いておくのです。こうすれば「違反者」がいなくなるので、堂々と関数だということができます。

反比例では、あらかじめ $x=0$ を抜いておくんだね

さて、ここまでの説明で、「関数」というものが、「対応の規則」みたいなものだとイメージできたと思います。

中学校では、1年生の比例、反比例に続いて、2年生で「1次関数」を学習します。やっと、比例でも反比例でもない関数が登場します。

▶ 1 次関数って？

x にともなって y が変化し、y が x の1次式で表されるとき、「y は x の 1 次関数」といいます。

第 3 章 関数

> x と y の関係が次のような式で表されるとき、
> 「y は x の 1 次関数」であるという
> $$y = ax + b$$

1 次関数の式と比例の式を並べてみましょう。

1 次関数 …… $y = ax + b$
比例　　 …… $y = ax$

「$+b$」の部分があるかないかだけの違いです。1 次関数の式は、$b=0$ のとき、$y=ax$ という比例を表す式になりますから、**比例は 1 次関数の特別な場合**ということができます。

たとえば、$y = 2x + 3$ のグラフは、$y = 2x$ のグラフを y 軸の正の方向に 3 だけ移動させたものになります。

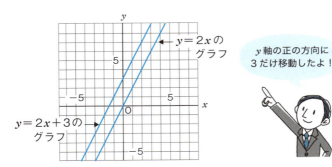

これさえあれば、1次関数のグラフなんて
切片と傾き

▶ y軸上の切片

ここでは、1次関数のグラフのかき方を説明します。

比例のグラフも1次関数のグラフも、直線になります。ですからグラフのかき方に大きな違いはありません。まずこのことを覚えておきましょう。

比例のグラフも
1次関数のグラフも
直線なんだ

比例のグラフは、原点を通ります。だから最初に原点に印をつけました。では、1次関数のグラフをかくには、まずどこに印をつければよいでしょうか？ 実は、式を見るだけで簡単にわかるのです。

$$y = \frac{1}{2}x\ +2\ \ ➡\ \ y軸上の2を通る$$
$$y = -x\ -3\ \ ➡\ \ y軸上の-3を通る$$

1次関数 $y = ax + b$ の定数項 b は、$x = 0$ のときの y の値です。したがって、グラフは y 軸の b のところを通ります。

つまり、$y = ax + b$ の b の値を見れば、y 軸のどこを通るのかすぐにわかってしまうのです。

そこで、この b を1次関数 $y = ax + b$ の「y軸上の切片」といいます。簡単に「y切片」、あるいは「切片」と呼ばれることもあり

ます。1次関数のグラフをかくときは、まず y 切片です。ここまで、1秒とかかりません。

> **y 切片（y 軸上の切片）**
> 　1次関数 $y = ax + b$ のグラフは、
> 　y 軸の b のところを通る

▶傾き

次は、直線の傾きぐあいです。これは、$y = ax + b$ の a を見ればわかります。

a は、直線が右上がりか、右下がりか、急な傾きか、緩やかな傾きかを示しています。そこで、この a を1次関数 $y = ax + b$ の「傾き」と呼んでいます。くわしくは「比例のグラフ」の項目（p.173）を読んでください。

> **$y = ax + b$ のグラフ**
> 　1次関数 $y = ax + b$ のグラフは、次のような直線である
>
>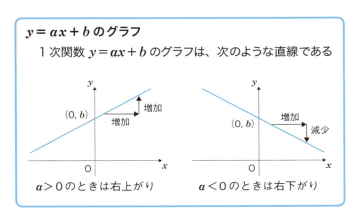
>
> 　$a > 0$ のときは右上がり　　$a < 0$ のときは右下がり

▶ グラフをかいてみよう！

さあ、1つグラフをかいてみましょう。

$$y = \frac{1}{2}x + 2$$

① y 切片が2 → y 軸上の2を通る。$(0,2)$ に印をつける
② 傾きが $\frac{1}{2}$ → $(0,2)$ から右に2、上に1の点に印をつける
③ その点からふたたび右に2、上に1の点に印をつけ、それを繰り返す
④ 直線状に並んでいる点を結ぶ

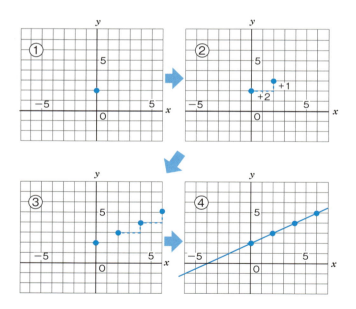

第3章 関数

▶平行になるグラフ

次の2つの1次関数の式を見て、みなさんはどんなことに気がつきますか？

$$y = 2x + 1 \cdots\cdots ①$$
$$y = 2x - 3 \cdots\cdots ②$$

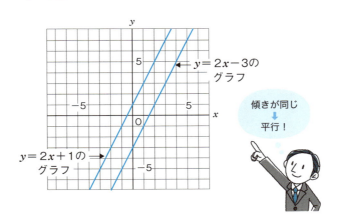

傾きが同じ
↓
平行！

$y = ax + b$ の a の値、「傾き」が同じですね。つまり、この2つのグラフは、グラフをかく前から平行になることがわかってしまうのです。

平行になるのですから、この2つの直線が交わることはありません。したがって、この2式からなる連立方程式には、解が存在しません。

> 「傾き」が等しい2直線は、平行

▶ 直交するグラフ

2つの1次関数のグラフが垂直に交わる（直交する）かどうか？　これも、グラフをかく前に判断することができます。

結論だけになって心苦しいのですが、2つの1次関数の傾きをかけ合わせて、その結果が-1になれば、グラフは直交します。たとえば、$y = \frac{2}{3}x + 1$ のグラフと $y = -\frac{3}{2}x - 3$ のグラフは直交します。

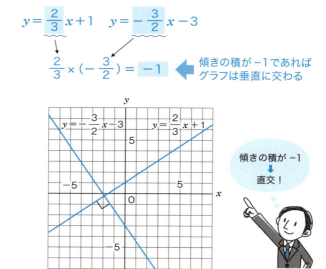

傾きの積が-1であればグラフは垂直に交わる

傾きの積が-1
↓
直交！

「傾き」の積が-1になるとき、グラフは直交する

2倍の面積のお好み焼きが食べたい！
2乗に比例する関数

▶円の面積の求め方

さて、今度は「y が x の 2乗に比例する」場合を扱います。

> y が x の関数で、その関係が次のような式で
> 表されるとき、「y は x の 2 乗に比例する」という
> $$y = ax^2$$
> また、このときの a を「比例定数」という

たとえば、円の面積です。小学校で円の面積を求める公式を覚えましたね？

（円の面積）＝（半径）×（半径）× 3.14

これをちょっとかっこよく表してみましょう。円の半径を r、面積を S で表すと、おなじみの公式が現れます。もちろん円周率は π で表します。

$$S = \pi r^2$$

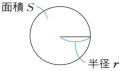

この式は、S が r の 2 乗に比例していることを表しています。ですから、$y = ax^2$ の仲間です。比例定数は π です。

> 円の面積は、半径の 2 乗に比例する

▶「お好み焼き問題」

そこで、こんな問題です。お好み焼きは、完全な円ではありません。しかしまあ、ここはご愛敬で、円として扱ってみましょう。

> 【問題】
> お好み焼きの大好きな直彦君。なじみのお好み焼き屋にやってきました。
> 今日は特別にお腹がすいていたので、
> 「おばちゃん、いつもの2倍の面積のお好み焼きが食べたいな。だから、いつもの半径の2倍の大きさのを焼いてよ」
> と言いました。
> さて、直彦君は、本当に「2倍」食べることになるのでしょうか？

半径が2倍なら面積は2倍？

ちょっと計算してみればわかることですが、実際に円の半径を2倍にすると、面積は4倍になります。つまり、いつものお好み焼きの半径を2倍にすると、4倍もの面積のお好み焼きができあがってしまうのです。それは、食べすぎです。

> 半径を2倍すると、円の面積は4倍になる

本当は、

> y が x の 2 乗に比例するとき、
> x の値が m 倍になれば、y の値は m^2 倍になる

と理解してほしいのですが、まずは、生徒たちには「お好み焼き問題」と称して、印象づけることにしています。

▶面積を 2 倍にするには？

再度、まとめておきます。

円の面積 S は半径 r の 2 乗に比例しているのですから、半径が 2 倍になれば面積は 4 倍、半径が 3 倍になれば面積は 9 倍、4 倍になれば 16 倍……になります。逆に、半径が 2 分の 1 になれば面積は 4 分の 1、半径が 3 分の 1 になれば面積は 9 分の 1 になります。

では、いつもの 2 倍の面積のお好み焼きを食べたい直彦君は、半径を何倍にしてもらえばよいのでしょう？

2 乗した結果が 2 になる数を求めればよいのですが、ちょっと戸惑いますよね。答えは、2 の平方根です。

ただし、2 の平方根は 2 つ存在します。$+\sqrt{2}$ と $-\sqrt{2}$ です。この場合、負の平方根は答えとして適当ではありません。面積を 2 倍にするには、半径を $\sqrt{2}$ 倍（約 1.4 倍）すればよいのです。

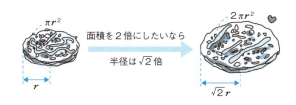

▶ コピー機で拡大

コピー機を使うと図面を簡単に拡大することができます。A4サイズの書類をA3に拡大したい（面積は2倍になる）なら、$\sqrt{2}$倍を設定すればいいのです。

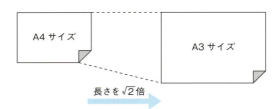

$\sqrt{2}$といえば、おなじみの語呂合わせがありますね。

$\sqrt{2} = 1.41421356237309$……
　　一夜一夜に人見頃（ひとよひとよにひとみごろ）

したがって、約1.41倍すればよいのです。

一方、A3の書類をA4サイズに縮小するときには、面積を半分にすることになります。面積を2分の1にするためには、長さを$\sqrt{2}$分の1倍します。約0.71倍です。

最近のコピー機では、最初から「A4 → A3」「A3 → A4」などとかかれているので、「1.41倍」や「0.71倍」を意識することが少なくなってきました。いいことなのか、悪いことなのか……。

面積を3倍にしたいときは$\sqrt{3}$倍（約1.73倍）でコピーするといいんだね

第3章 関数

パラボラアンテナは放物線を利用している！
放物線

▶昔は「抛物線」ってかいていた？

「放物線」は、その言葉のとおり、投げられた物が描く線です。空に向かってボールを投げ上げると、ボールは放物線を描いて落ちてきます。もっとも、実際には空気の抵抗や風の影響もあるので、「放物線に近い線」といったほうがいいでしょう。

ちなみに野球の放送で、アナウンサーが、「入ったー！　ライトスタンドへライナーで飛び込む逆転ホームラン」などと言いますが、あれはかなりおおげさです。「ライナー（liner）」というのは、「直線」という意味です。打球は直線ではなく、放物線を描いて飛んでいきます。でも、私は、おおげさな実況中継のほうが好きです。

さて、2次関数のグラフは、放物線です。中学校では $y = ax^2$ という関数を学習しますが、これは2次関数のもっとも簡単な例です。もちろんそのグラフも放物線になります。

「放物線」は、以前は「抛物線」とかかれたようです。「抛」という漢字は「手 + 尤（手が曲がる）+ 力」という組み立てで、「曲線をなして曲がるように物を放り投げること」という意味があります。なるほど、「抛物線」のほうがぴったりきますね。

投げられた物が描く線のほかにも、円すいを母線（円すいの頂点と底面の縁とを結ぶ直線）に平行な面で切断したときの切り口にも放物線が現れます。

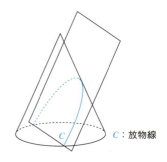

C：放物線

▶あのアンテナもそうだった⁉

レンズが光を1点に集めるとき、その点を「焦点」といいますが、放物線にも「焦点」があります。放物線を使って、光を1点に集めることができるのです。

下の左図のように、放物線に向かって入ってきた平行な光線は、放物線に当たって反射し、点Fに集まります。これが放物線の「焦点」です。

放物線は英語で「 parabola 」。そう、「パラボラアンテナ」の「パラボラ」です。パラボラアンテナは、放物線の特徴を利用したもので、焦点のところに集波器が設置されています。

ちなみに、$y = x^2$ の放物線の場合、焦点の座標は $\left(0, \dfrac{1}{4} \right)$ となっています。

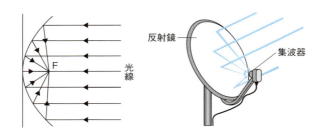

▶ $y = ax^2$ のグラフの特徴

さて、2次関数のもっとも簡単な場合である、$y = ax^2$ のグラフについてまとめておきましょう。

> **$y = ax^2$ のグラフの特徴**
> ・原点を通り、y 軸について対称な放物線になる
> ・$a > 0$ のときは、上に開いた放物線になる
> ・$a < 0$ のときは、下に開いた放物線になる
> ・a の絶対値が大きいほど、放物線の開き方は小さい

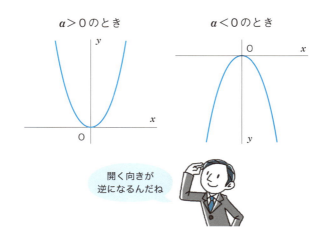

開く向きが逆になるんだね

上のグラフのように、放物線は左右対称なグラフになります。対称の軸のことを「放物線の軸」、軸と放物線との交点を「放物線の頂点」と呼びます。

$y = ax^2$ の放物線の場合は、y 軸が放物線の軸、原点が放物線の頂点になっています。

変化の割合が一定って、めずらしいと思うのですが……
変化の割合

▶ なんの表でしょう？

下の表を見てください。yについては、一部の値だけを入れています。

x	0	1	2	3	4	5	6	7	8	9	10	……
y						110	116	122	128			

さて、$x=9$のときのyの値がわかりますか？ 134？ おしいなぁ！ 正解は133でした。
「おかしいなぁ、6ずつ増えているんじゃないの？」
と思いますよね。

ところがこれ、ある子どもの年齢（歳）と身長（cm）の関係なのです。毎年、決まって6cmずつ身長が伸びていたら、20歳のころには200cm、80歳では560cmになってしまいます。

身長については、毎年毎年、決まった長さだけ伸びるなんて考えられません。このことを数学では、「**変化の割合が一定ではない**」といいます。でも、これでも立派な「関数」なんですよ。ただ、「**法則化されていない関数**」というだけなんです。

▶ 1次関数では、変化の割合は一定

では、「変化の割合が一定である」って、想像つきますか?

消しゴム1個で50円、2個で100円、3個で150円……。ほら、変化の割合が一定ですね。

変化の割合が一定であるか、一定でないか、このことで関数を分類することができそうです。

一般に「変化の割合」は、次の式で求められます。

$$\text{変化の割合} = \frac{y \text{の増加量}}{x \text{の増加量}}$$

では、$y = 4x + 3$ の表を使って変化の割合を求める練習をしましょう。

x	……	-3	-2	-1	0	1	2	3	4	……
y		-9	-5	-1	3	7	11	15	19	……

【問題】

関数 $y = 4x + 3$ について、次の場合の変化の割合を求めなさい。

① x が1から2まで増加する
② x が1から4まで増加する
③ x が-3から3まで増加する
④ x が-237.145から4597.2456まで増加する

「x が○から△まで増加する」というタイプの問題を並べました。便宜上、○は「スタート地点」、△は「ゴール地点」と呼ぶことにし

ています。

まず、①。x は 1 から 2 まで増加しています。x の増加量は 1 です。表を見てください、その間に y は 7 から 11 まで増加しています。したがって、y の増加量は 4。変化の割合は、$\frac{4}{1} = 4$ になります。

続いて、②。x は 1 から 4 までの増加ですから、x の増加量は 3。その間に y は 7 から 19 まで増加していますから、y の増加量は 12。変化の割合は、$\frac{12}{3} = 4$ ですね。

次に、③。x は -3 から 3 まで増加、x の増加量は 6。その間に y は -9 から 15 まで増加、y の増加量は 24。したがって、変化の割合は、$\frac{24}{6} = 4$ になります。

気がつきました？ ①も②も③も、変化の割合はすべて 4 です。スタート地点もゴール地点も関係ないのです。

当然です。1 次関数では、変化の割合は一定なのです。一生懸命に計算しましたが、それも考えてみればかなりムダなことでした。$y = 4x + 3$ という式の傾き 4 を見れば、すぐに変化の割合は 4 とわかります。

> 1 次関数では、変化の割合は一定

さて、④番。なんだかスゴイ数字が並んでいますが、驚く必要はありません。まじめに計算しちゃダメですよ。計算する必要がないのですから。変化の割合は、いつだって 4 なのです。ラクチン、ラクチン！

すぐにできた！

第3章 関数

変わるほうがおもしろいでしょ!?
放物線での変化の割合

▶放物線で変化の割合を考えてみよう！

1次関数では、変化の割合は一定です。これは、変化に乏しくて（というより、変化がなくて）おもしろくありません。

そこで、次は、$y = ax^2$ で考えてみましょう。このグラフは、放物線になります。直線のグラフではありませんから、**変化の割合が一定ではありません**。ちょっとやりがいのある問題ですよ。

では、$y = \frac{1}{2}x^2$ の表を使って、変化の割合を求める練習をしましょう。

x	……	−4	−3	−2	−1	0	1	2	3	4	……
y	……	8	4.5	2	0.5	0	0.5	2	4.5	8	……

【問題】
　関数 $y = \frac{1}{2}x^2$ について、次の場合の変化の割合を求めなさい。
　　① x が　2 から 4 まで増加する
　　② x が −2 から 4 まで増加する
　　③ x が −4 から 2 まで増加する
　　④ x が −4 から 4 まで増加する

まず、①。x は 2 から 4 まで増加していますから、x の増加量は 2。その間に y は 2 から 8 まで増加しています。したがって、y の増加量は 6。変化の割合は、$\frac{6}{2} = 3$ になります。

続いて、②。x は −2 から 4 までの増加ですから、x の増加量は

6。その間に y は 2 から 8 まで増加していますから、y の増加量は 6。変化の割合は、$\frac{6}{6} = 1$ ですね。

次に、③。x は -4 から 2 まで増加、x の増加量は 6。その間に y は 8 から 2 まで増加、y の増加量は -6。したがって変化の割合は、$\frac{-6}{6} = -1$ になります。

やはりおもしろい！ **「変化の割合」が変化しています。**

問題の放物線のグラフは、$x < 0$ の範囲では y の値は減少し、$0 < x$ の範囲では、y の値は増加しています。x の範囲の取り方によって、変化の割合の正負まで変わってくるのです。

それぞれのグラフを見てみましょう。

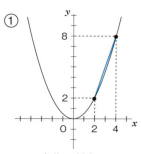

変化の割合 3

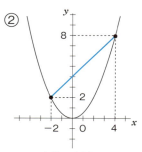

変化の割合 1

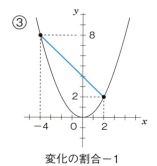

変化の割合 -1

変化の割合を求めるときはグラフをイメージするとよさそう

図の中に、直線を引きました。これは、それぞれの問題で指定されたスタート地点とゴール地点を結んだ直線です。実は、先ほど求めた変化の割合は、それぞれの図の直線の傾きを示しているというオマケつきです。

▶放物線でのスタート地点とゴール地点

では、応用問題として、④。

x は -4 から 4 までの増加なので、x の増加量は 8。その間に y は 8 から 8 まで増加？ あれ、増加していない！ ということは、増加量は 0。したがって変化の割合は、$\frac{0}{8} = 0$。

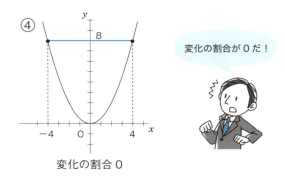

変化の割合 0

④は、計算する必要がないと気づかなくてはいけません。よ〜く、思いだしてください。$y = ax^2$ のグラフは、y 軸に関して左右対称になります。したがって、$x = -4$ のときの y 座標と $x = 4$ のときの y 座標は同じになって当然なのです。スタート地点とゴール地点を結ぶ直線が水平になるのですから、変化の割合は 0 になります。

▶ $y = ax^2$ での変化の割合を求める公式

関数 $y = ax^2$ について、変化の割合を求めるときに便利な方法

があります。

> 関数 $y = ax^2$ において、x の値が p から q まで
> 変化するときの変化の割合は、次の式で表される
> $$a(p+q)$$

　どうしてこのような式になるのか、くわしく説明すべきなのですが、すみません、紙面が足りません（下で簡単に説明しています）。

　この式が何をいっているのか？　スタート地点の x の値（上の式では p）とゴール地点の x の値（上の式では q）の和を求めます。それに比例定数 a をかければ、変化の割合がたちどころにわかってしまう――ということです。

　たとえば、さっきの問題②、関数 $y = \dfrac{1}{2}x^2$ について、x が -2 から 4 まで増加するときの、変化の割合をこの公式で求めましょう。あっさりと求められますよ。p.216の②のグラフで確認してみてください。

$$\dfrac{1}{2} \times (-2 + 4) = \dfrac{1}{2} \times 2$$
$$= 1$$

なぜこのような式になるか気になる人は、
$$\dfrac{aq^2 - ap^2}{q - p} = \dfrac{a(q^2 - p^2)}{q - p} = \dfrac{a(q+p)(q-p)}{q - p} = a(q+p)$$
……をチェック！

スタート地点とゴール地点を結ぶ直線の切片もすぐにわかるよ！
$-apq$ を求めてみて！

おわりに

　数学は楽しい——その気持ちが持続するいちばんの鍵は、「理解しようとすること」だと私は思っています。計算が速く正確にできることももちろん必要ですが、そこに「理解」が伴うことが大切です。理解はいらない、正しい答えだけがほしいというのでは、目的は達成できても、そこに楽しさは見つけづらいと思います。

「理解」するためには、「どこを理解していないのか」を知ることが必要です。ところが、「方程式がわからない」、「関数が不得意だ」など、自分の苦手な分野はなんとなくわかっていても、それぞれの分野のどこでつまずいているのか、細かなポイントは自分ではなかなかわかりにくいものです。そんなときにほかの人から適切なアドバイスをもらうと、「ここでつまずいていたのか！」と、いままでの苦労が嘘のようにスラスラできるようになることがあります。数学は、「なるほど、そういうことか！」を感じる割合が高い教科だと思います。

　本書は、「できる喜び」よりも「わかる楽しさ」にウェイトを置いて書いたつもりです。何度も何度も楽しんでいただければ幸いに思います。

2018年6月　　星田直彦

索引

記号・英数字

≠	15
<	15
>	15
≦	16
≧	16
%	45
‰	48
=	58、117
$\sqrt{\ }$	37、83、86、93
∞	171
≒	105
π	103、205
e	103
ppb	48
ppm	48
ppq	48
ppt	48
x軸	165
$y=\dfrac{a}{x}$	182、189、190
$y=ax$	171、176、192
$y=ax^2$	205、211、215
y軸	165
y軸上の切片	200
1元1次方程式	129
1次関数	142、198、200
1次方程式	107、113、129
2元1次方程式	129、132、141
2次方程式	143、147、151、157、160

あ

以下	17
移項	111、122
以上	17
因子	65
因数	65
因数分解	77、80、147、156
エラトステネス	7、73

か

外延的定義	61
解と係数の関係	149
解なし	158、160
解の吟味	127
解の公式	154、161
加減法	132、140
傾き	172、201、214、217
関数	193、212
奇数	63
逆数	31、37
共通因数	82
極座標	166
虚数	159
虚数単位	159
偶数	60
係数	55
結合法則	26
原点	9、165
項	23
交換法則	26、31
合成数	69
交代式	43
恒等式	109
根号	89、93、106

さ

座標	165

座標軸	165
座標平面	165
算術和	25
式の値	40、115、144
式の展開	76、80
自乗	34
指数	33、71
指数法則	35
次数	53、129
自然数	8、20、66、69、74、90、94
実数	85、159
斜交座標	166
重解	157
周期	99
重根	157
従属変数	177
循環小数	97、102
循環節	99、102
焦点	210
乗法公式	77、82
正の数	8
絶対値	10、133、162
切片	200
漸近線	189
素因数	67、69
素因数分解	67、69
素因数分解の一意性	68
双曲線	185
素数	7、66、69

た

対称式	43
代数和	25
代入	40
代入法	132、138
多項式	50、53、76、81
単項式	50、53、76
値域	178
直交座標	166
底	33、103
定義域	178
定数	169
定数項	54、200
等式	58、108、117
等式の性質	118、120、124
同類項	51、78
独立変数	177
閉じている	20

な

内包的定義	63
なりますの等号	58

は

背理法	104
ババ抜き方式	95
反数	21
反比例	180、185、190、198
判別式	158
非循環小数	88、97、102
比例	167、172、177、180、190、198、205
比例定数	169、171、173、182、188、190、205
複号同順	79、80
複素数	160
不定	14、141、183
不等号	15
不能	13、141、183
負の数	8
分配法則	26
分母の有理化	106
分母をはらう	124
平方	34

平方完成	152	文字を消去する	132、138
平方根	83、86、90、93、104、147、151、159、207	もとになる量	46

や

有限小数	97、102
有理数	102

平方数	72、88
変域	178、198
変化の割合	212、215
変数	169、177
方程式	107、109
放物線	163、186、209、215
放物線の軸	211
放物線の頂点	211

ら

立方	34
立方根	85
累乗	33
ルート	89
連立方程式	131、132、138、141、203

ま

未満	19
無限小数	88、97、103
無理数	102
文字式	38、61

わ

割	45

《 主 要 参 考 文 献 》

『算数・数学ランドおもしろ探検事典』仲田紀夫(評論社、1998年)

『恥ずかしくて聞けない数学64の疑問』仲田紀夫(黎明書房、1999年)

『数学の言葉づかい100』数学セミナー編集部(日本評論社、1999年)

『数学はこんなに面白い』岡部恒治(日本経済新聞社、1999年)

『数学の小事典』片山孝次、大槻真、神長幾子(岩波ジュニア新書、2000年)

『この中学数学とける?』釣浩康(中経出版、2001年)

『なっとくする数学記号』黒木哲徳(講談社、2001年)

『すぐわかる「3分間数学」』アルブレヒト・ボイテルスパッハー(主婦の友社、2002年)

『数学脳をつくる8つの方法』岡部恒治(サンマーク出版、2002年)

『ゼロから学ぶ数学の1、2、3』瀬山士郎(講談社、2002年)

『単位171の新知識』星田直彦(講談社ブルーバックス、2005年)

著者プロフィール

星田直彦（ほしだ ただひこ）

1962年、大阪府生まれ。奈良教育大学大学院修了。中学校の数学教師を経て、現在、桐蔭横浜大学准教授。実生活や歴史の話題を多く取り入れた数学の講義が好評を博している。幅広い雑学知識を生かして、「身近な疑問研究家」としても活躍。クイズ番組『パネルクイズ アタック25』優勝経験あり。

おもな著書に、本書の姉妹編となるサイエンス・アイ新書『楽しく学ぶ数学の基礎－図形分野－＜上：基礎体力編＞、＜下：体力増強編＞』、『単位171の新知識』（講談社ブルーバックス）、『図解 よくわかる単位の事典』（メディアファクトリー新書）、『図解 よくわかる測り方の事典』（角川新書）、『雑学科学読本 身のまわりの単位』（中経の文庫）、『なぜ「人の噂も75日」なのか』（祥伝社）、『人に教えたくなる雑学の本』（ダイヤモンド社）などがある。

ホームページ：「星田直彦の雑学のすゝめ」
ブログ：「雑学のソムリエ」

本文デザイン・アートディレクション：クニメディア株式会社
イラスト：YOUCHAN（トゴルアートワークス）
校正：曽根信寿

サイエンス・アイ新書
SIS-412

http://sciencei.sbcr.jp/

楽(たの)しくわかる数学(すうがく)の基礎(きそ)
数(すう)と式(しき)、方程式(ほうていしき)、関数(かんすう)の「つまずき」がスッキリ!

2018年7月25日　初版第1刷発行

本書は2008年刊行『楽しく学ぶ数学の基礎』を改訂・再編集したものです

著　者	星田直彦(ほしだただひこ)
発行者	小川 淳
発行所	SBクリエイティブ株式会社 〒106-0032　東京都港区六本木2-4-5 電話：03-5549-1201（営業部）
装丁・組版	クニメディア株式会社
印刷・製本	株式会社シナノ パブリッシング プレス

乱丁・落丁本が万が一ございましたら、小社営業部まで着払いにてご送付ください。送料小社負担にてお取り替えいたします。本書の内容の一部あるいは全部を無断で複写（コピー）することは、かたくお断りいたします。本書の内容に関するご質問等は、小社科学書籍編集部まで必ず書面にてご連絡いただきますようお願いいたします。

©星田直彦　2018 Printed in Japan　ISBN 978-4-7973-9574-7